这才是BI
该做的事

数据驱动从0到1

都美香 ◎ 著

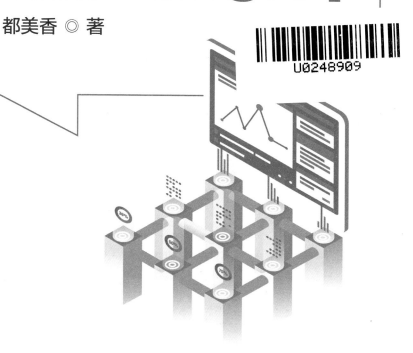

清華大学出版社

北 京

内 容 简 介

本书以 BI 负责人的视角介绍 BI 分析师的核心工作和应具备的核心技能，并分析 BI 创造价值的专题，理论和实践并重。全书分为四部分：第一部分（第 1、2 章）为 BI 概述与团队组建，包括 BI 分析的基本概念、BI 职责与数据驱动的概述，以及组建团队时需要考虑的能力模型、团队选型、团队管理；第二部分（第 3、4 章）为 BI 体系搭建基础知识，包括数据获取与管理，指标体系的概念、设计模型与使用场景；第三部分（第 5 ～ 9 章）为 BI 创造价值专题，包括增长、价值主张、盈利、体验、风控五大专题；第四部分（第 10、11 章）为回顾与展望，从衣、食、住、行、学五个方面回顾数据已经带来的变化与未来可预期的变化，最后从进化的视角探讨应对人工智能范式转移的策略。

对于想要通过数据驱动业务、改善决策质量的互联网从业者来说，本书应该是一本非常实用的参考书。

图书在版编目(CIP)数据

这才是 BI 该做的事：数据驱动从 0 到 1 / 都美香著 . —北京：清华大学出版社，2024.3
ISBN 978-7-302-65710-1

Ⅰ . ①这… Ⅱ . ①都… Ⅲ . ①数据处理 Ⅳ . ① TP274

中国国家版本馆 CIP 数据核字 (2024) 第 048692 号

责任编辑： 王中英
封面设计： 杨玉兰
版式设计： 方加青
责任校对： 徐俊伟
责任印制： 刘海龙

出版发行： 清华大学出版社
　　　　网　　　址：https://www.tup.com.cn，https://www.wqxuetang.com
　　　　地　　　址：北京清华大学学研大厦 A 座　　　　　邮　　编：100084
　　　　社 总 机：010-83470000　　　　　　　　　　　邮　　购：010-62786544
　　　　投稿与读者服务：010-62776969，c-service@tup.tsinghua.edu.cn
　　　　质 量 反 馈：010-62772015，zhiliang@tup.tsinghua.edu.cn
印 装 者： 三河市人民印务有限公司
经　　销： 全国新华书店
开　　本： 170mm×240mm　　　　**印　　张：** 15.5　　　　**字　　数：** 261 千字
版　　次： 2024 年 3 月第 1 版　　　　**印　　次：** 2024 年 3 月第 1 次印刷
定　　价： 69.00 元

产品编号：099048-01

献给我的家人。

献给总是充满生命力的快乐的母亲，以及不总能维持旺盛生命力但依然快乐的妹妹、弟弟，还有支持他们的家人。

欢迎小小夏天和小小贤来到这个世界。

致谢

这本书能够与读者见面，得益于我有幸遇到的卓越人物。

首先，要感谢帮助我建立数据素养的人。我要感谢 Michael Truffa，他在十年前就看到了机器学习的潜力，并在全球范围内领导团队转型，让我从关注因果关系转向关注模式识别。还要感谢张晨，他启动了京东大脑项目，在全公司范围内推动了数据与业务的融合，因为我有幸参与了这个项目，从而见识到数据在释放生产力方面的巨大潜力。还要感谢碧波，他带领团队挺进无人区，挑战行业顽疾，不断打破边界，教会我探索未知领域的基本技能。此外，还要感谢那些未曾亲见的行业引领者，特别是陆奇、吴恩达、吴军，他们对这个世界的不懈探索和睿智指导，激励着所有从业者不断向前迈进。

然后，要感谢在工作中给我支持和指引的人。在数据驱动的世界中，得到业务一把手的支持需要靠实力，也拼运气。如果业务领导不关注效率，那么提升效率就无法得到有效的资源支持，从而变得无从发力。我要真诚地感谢大罗，他以技术和数据为驱动，打造了一家备受尊敬的教育公司。他的努力使我们有机会优化运营效率，并深入研究数据驱动的学习方法，不断探索新方式来提升学习效率和教育效果。同时，需要衷心感谢 Joe 和娜姐，他们始终坚持以业务结果为导向，聚焦业务增长、用户体验优化与运营效率提升，他们引领业务向前的卓越的领导力使我们在数据驱动业务的路上走得更加坚定。也请允许我跨时空向暴躁的贝多芬和米开朗琪罗、俊美的羽生结弦、神奇的马斯克致敬，他们不妥协的精神鼓舞我前进；感谢 UCLA 的传奇篮球教练约翰·伍登，感谢传奇足球教练若泽·穆里尼奥，教会我带队作战的基本原则。

第三，要衷心感谢一路关注与支持我的良师和益友。晶晶把每一位成员培养为准团队领导者的实践，为我较快地成长为团队负责人奠定了基础。温文尔雅却从不妥协的 April（李萌）让我亲眼见证了基于信任的、温柔却坚定的领导力。我还要感谢谢大人、小鹏总、罡叔和大宽，他们虽然在批评时从不手软，但在真的需要帮助时从来不吝惜援手。感谢有趣而充满活力，并时常用独到的视角观察世界的 Amy（阿溥）、郭麟、元奎，虽然我们共事时间不长，但他们总是以真诚和开放的态度与我互动，使我始终保持对前沿科技与业界最佳实践的敏锐。感谢给力的合作伙伴亮哥、文帅、俊辰，他们深厚的技术功底和始终秉持合作的团队精神让合作顺利而高效。还要感谢我亲爱的海兰姐、雪莲姐、Sue 前辈、金闻前辈、美丽的翠铭和彩文，在职业发展的各个阶段都给予我指导和建议，监督和引导我做出更好的决策，使我敢于挑战许多我曾经认为不可能的目标；也要感谢牙牙、剑莹、静静、兰兰、长祐、金成、大吉、崇兰、美玲、金靖和虹虹，在这纷繁复杂的世界里始终坚守初心，与我并肩抵抗日常的损耗。

第四，感谢那些始终不离不弃的团队小伙伴们。我要特别感谢亲爱的丹阳、令彤、宇帆、熙若、佳琪、小蘑菇、何雨、麒梁、侯睿、兴权、孙畅、丹丹、佳佳以及其他所有团队成员，他们一直以来的支持和合作让我深感温暖和感激。他们跟随着我一路前行，而这并非总是一件轻松的事情。正是他们出色的技术储备和卓越的职业素养，使我们得以肩并肩，为团队的共同目标努力奋斗，不断打怪升级。我也要特别感谢程露、Kathly、Samuel、Lody、东杰、明伟，是他们的专业素养、协作精神，提升了跨端、跨职能部门协作的确定性，激发了更广范围内的合作动力。

第五，特别感谢吕云彤，我完全出于自愿主动地为她写单独一行。

此外，我还要感谢素未谋面的 Jana Schaich Borg 教授（杜克大学）、Paul Bendich 教授（杜克大学）、Gilbert Strang 教授（MIT）、Ben Polak 教授（耶鲁大学）、Stephen C. Stearns 教授（耶鲁大学）、Hsuan-Tien Lin 教授（台湾大学）、Scott E. Page 教授（密西根大学）、吴恩达教授（斯坦福大学）、Robert Sapolsky 教授（斯坦福大学）、Esther Duflo 教授（MIT）、Benjamin Olken 教授（MIT），感谢他们无私分享知识和经验；也要感谢 Cousera、Edex 等在线教育平台提供了几乎所有我想学的课程，同时感谢 B 站的小蜜蜂们孜孜不倦地搬运优秀学习资源。

最后，由衷地感谢王中英老师。她以出色的编辑能力和专业素养，以及对细节的严谨把控和耐心的指导，使语言的力量得以释放。若不是王中英老师的认真与耐心抓住了我跳跃的思维，这些信息可能只会止于我的个人经历，无法以一种通俗易懂的方式传达给其他人。我希望能有更多机会与她合作，共同创造更多优秀的作品。

借用后滨老师的话结尾：时代的局限才是真的局限。只要不是时代的局限，就不是局限。

感谢卓越且认真的你们。

前言

写作理由

写书的过程比我预想的更加艰难和耗时，但我坚持下来的主要原因有以下几点。

首先，我发现在大多数业务场景下，**数据驱动的运营效率远高于单纯依赖领域经验的运营效率**。我掐指算了算，自己从京东到华为、VIPKID、火花思维再到滴滴，从事互联网数据分析已经快十年了。我做职业规划时有意识地做了领域交叉，从需求侧到供给侧、从互联网到传统企业、从国内市场到国外市场均有涉及。虽然每次遇到的具体问题都有所不同，但回顾过去的经历，我发现在每个领域都证实了业务领域与数据科学的结合可以释放巨大的生产力。数据在某种意义上是客观世界的映射，**数据驱动实际上就是借助客观世界的映射来推动业务发展**。相比之下，人的经验参差不齐。如果旧知识和客观世界的映射相冲突，客观世界就会占优势。因此，我认为数据驱动的价值在于让我们尽可能接近客观世界，从而做出更符合客观世界的决策。而这种决策也必然更有利于我们创造价值，这也是我喜欢数据的原因。

其次，我发现**数据驱动业务的经验是可复制的**。根据事情的确定性，我习惯性地将事情分为两类：一类是探索型的、创造性的，即这件事情没有发生过，也许理论上可行，但还没有人实现过。例如马斯克的 SpaceX 和特斯拉，这一类事情的不确定性极高，只有少数人才有做成这一类事情的能力。另一类是有边界、可描述、之前发生过的事情。这一类事情具有相对高的确定性，面对这类事情，要求参与者通过不断地学习最佳实践来实现价值创造。这两种价值创造方式都是有意义的，前者需要一些天赋且未必能做成，但会增加这个世界的可能性；后者则需要不断努力和学习才能达成，会提高这个世界运转的效率。数据驱动业务属于后者，通过不断努力和学习是可以达成的，且能提高实现新可能性的效率。

最后，我认为现在是一个非常适合共同拥抱数据的时机。《"十四五"数字经济发展规划》将数字经济提升到国家战略的层面。ChatGPT 的出现让我们重新审视了数据和人工智能的巨大潜力，我们必须应对接下来可能发生的范式转移的变化。耶鲁大学的 Stephen C. Stearns 教授在总结进化史中的关键事件时，提到了生命的起源、原核生物的循环、真核生物的出现、光合作用和多细胞生物的出现等几个标志性的事件，并总结了几次关键进化中出现的共同原则：进化的瞬间会伴随层级的增长，层级复杂之后会伴随新的社会分工，信息传输系统将会发生巨大变化。通常在形成更高层级的过程中，上一个级别需要合作才能组成更高级别的单位，从而实现新的系统功能。随着 AIGC 的出现，现在看起来似乎不仅仅是人类会主动产生内容，算法也可以。而且基于人类的创造系统与 AIGC 的创造系统之间也可能存在某种协作与竞争。从微观上看，熟悉数据会给个人带来一定的竞争优势；从宏观上看，它可以提高我们的合作程度，提高我们作为一个整体系统在竞争中的表现。

写作思路

数据驱动业务本身是一件复杂的事情，成败受诸多变量影响。作为核心的驱动源，BI 团队的核心竞争力不仅仅是代码效率，更重要的是团队可以用数据的视角观察世界。**BI 团队能找到多少数据驱动业务的机会点，能把握多少机会点、把握到什么程度，基本奠定了数据驱动的深度和广度。**

鉴于此，本书主要从数据的视角出发，引用电商、教育、外卖实操经验，带读者一起挖掘可以提高业务各环节效率的支点，例如通过数据提高决策质量、驱动增长、强化价值主张、提升盈利能力、改善用户体验、实现风险控制等，并尽可能包含常用的思维模型、算法模型、决策模型，以及 BI 团队与业务、产品团队协作并影响业务决策的方法论。

这本书的写作思路是按照我从零搭建数据分析团队，并带领团队在公司内实现数据驱动业务时需要做的决策、完成的任务来梳理的。全书分为四部分：

- 第一部分（第 1、2 章）为 BI 概述与团队组建，从介绍 BI 分析的基本概念说起，包含 BI 职责与数据驱动的概述，以及组建团队时需要考虑的能力模型、团队选型、团队管理。

- 第二部分（第 3、4 章）为 BI 体系搭建基础知识，包括数据获取与管理，指标体系的概念、设计模型与使用场景。

- 第三部分（第 5～9 章）为 BI 创造价值专题，包括增长、价值主张、盈利、体验、风控五大专题。
- 第四部分（第 10、11 章）为回顾与展望，从衣、食、住、行、学五个方面回顾数据已经带来的变化与未来可预期的变化，最后从进化的视角探讨应对人工智能范式转移的策略。

对于想要通过数据驱动业务、改善决策质量的互联网从业者来说，本书应该是一本非常实用的参考书。对于非互联网领域的从业者，如果希望通过数据驱动来推进企业数字化转型或提高运营效率，本书也是一本有价值的参考书。

感谢本书的合作者：吕云彤、孟令桐、李丹阳、杨文帅、陈翠铭、韩彩文、吕晶晶和朴元奎。

只要有无效的市场存在，就有技术和数据可以提效的空间。希望通过本书内容的分享，降低数据驱动业务的认知和操作门槛，让更多领域都能开出数据的小红花，实现更广范围的数据驱动业务。

都美香

2024 年 1 月

目录

第二部分　BI 体系搭建基础知识

第 3 章　数据获取与管理　/　40

第 4 章　搭建指标体系　/　57

第三部分　BI 创造价值专题

第一部分

BI 概述与团队组建

/ 第 / 1 / 章 /

BI 分析概述

本章将介绍分析的概念。我们会从常见的分析领域，例如数据分析、业务分析、商业分析等开始，进一步介绍 BI 分析的基本概念和角色定位。通过了解 BI 分析中各种角色的基本定义，我们将深入了解 BI 分析行业的现状以及 BI 需要完成的任务。同时，我们还将与读者一起探讨如何诊断数据驱动业务的产出，并通过具体的业务流程拆解来使读者对 BI 通过数据驱动业务的理解更加直观。本章的内容是后续章节的基础。

1.1 从"分析"的概念说起

1.1.1 常见的分析概念

真是不应该以基本的概念开篇，因为往往最基本的东西最不好解释。就像人生一样，每天都在经历，但很难用一句话概括它的本质。对于那些每天与数据和信息打交道的分析师来说，要用一句话概括"分析"是什么，也不是一件容易的事情。然而，考虑到出版这本书的目的，我们必须面对这个问题。因此，本节将首先介绍"分析"的概念，并简要介绍业界常见的分析类型，例如数据分析、业务分析、商业分析、经营分析和行业分析等的职责。为了方便读者理解各分析类型的差异性，本节将先从狭义的基本概念开始，再逐步扩展至广义概念覆盖的共性部分。

1. 分析

分析的字面含义是把一件复杂的事物、一种现象、一个概念分成较简单的组成部分，找出这些部分的本质属性，认识事物或现象的区别与联系，寻找解决问题的主线，帮助大家更好地理解事物、现象和概念，进而解决问题。分析一般伴随彻底的学习与研究过程。通过分析，我们可以把复杂的事情拆解成简单的组成部分，帮助我们更好地理解世界，进而更有效地应对这个世界。

分析常常是一种有目的的行为，其目的可能是解决一个问题、发现一个机会、优化一个过程、制定一个策略或预测未来的趋势。在不同的领域中，分析的对象和方法可能有所不同，但核心的思维方式和逻辑推理过程都是相通的，通常需要收集、整理、处理和解释大量的数据和信息，以揭示其中的规律、趋势、关联等。

假设一个餐厅的经理想要了解为什么有些客户不再来店里消费，就可以通过多种分析来得出结论（如图 1-1 所示）。餐厅经理可以观察餐厅的环境，包括店内的清洁程度、音乐的选择、座椅的舒适度等，以确定是否存在一些客户不满意的问题。了解竞争对手的表现，包括他们的披萨的品质、价格、促销活动等，以找出店里的不足之处。分析网上的评论和反馈，以了解客户对其他披萨店的看法，并确定自家哪些方面需要改进。可以进行一些小型的访谈，询问客户对自家店里的披萨和服务的看法，并记录他们的反馈。通过这些分析的组合，这位餐厅经理就可以获得一些关于客户不再回到这个店的原因，从而有针对性地制定改进策略，以吸引更多的客户。

- 观察餐厅环境
- 了解竞争对手的表现
- 分析网上的评论
- 进行小型访谈

图 1-1　像一个侦探探索并分析餐厅各方面的表现

2．数据分析

为了讲清楚数据分析，我们先从"数据"的概念引入。通俗地讲，数据就是对事物某个维度的度量值，可以理解为数字形式的信息。如"橡皮的宽为 2 厘米"和"中国人口为 14.5 亿"都是数据。数据分析便是以数据为载体的分析，是指对大量数据进行收集、清洗、加工、分析和解释的过程，以发现其中的模式、趋势、异常或相关性，并根据这些分析结果做出决策或提出建议。数据分析可以应用于各个领域，例如商业、金融、医疗、科学研究等，有效的数据分析可以帮助各类决策者更好地理解和预测未来趋势、识别机会和挑战，并制定相应的策略和计划。

举一个简单的例子。假设我们想了解自己在社交媒体上的影响力，可以通过分析自己的社交媒体账号来获得有趣的结果，如图 1-2 所示。

（1）**收集数据**：收集你的社交媒体账号的数据，包括关注者数量、点赞数量、评论数量等。

（2）**处理数据**：对数据进行整理和加工，例如计算每篇帖子的平均点赞数、评论数等。

（3）**分析数据：**对数据进行分析，例如计算关注者数量与帖子的平均点赞数之间的相关性，或者计算粉丝数增长率等。

（4）**得出结论：**通过分析得出结论，例如你的社交媒体账号在最近三个月内的粉丝数量增长了10%，或者平均点赞数和关注者数量呈现正相关关系。

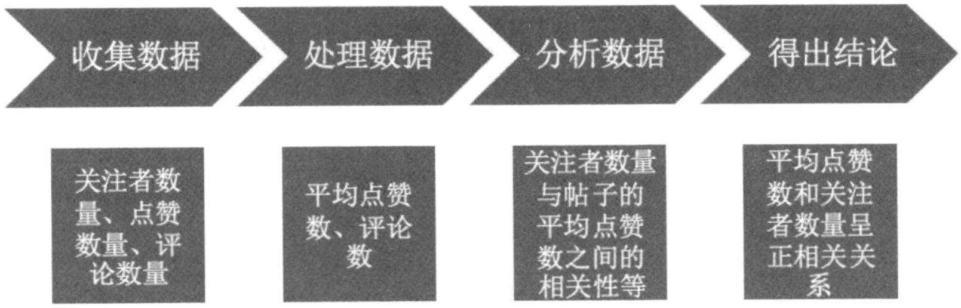

图1-2　数据分析流程，以社交媒体账号数据为例

3. 业务分析

业务分析是指对组织的业务流程、数据和信息进行深入研究和分析，以识别业务中的问题，并提供解决方案，以支持业务决策和优化业务绩效的过程。业务分析对于企业的长期发展至关重要，因为它可以帮助企业识别市场机会、优化内部流程、提高生产效率、增加销售收入等，从而在市场竞争中占据有利地位。

需要阐明的是，业务分析与数据分析在目标上没有本质差异，只是在所属的部门站位、分析对象、工具与方法上有差异。

- **部门站位：**业务分析由业务部门或者业务管理部门负责，而数据分析由并列于业务部门的独立部门负责。
- **分析对象：**业务分析关注的是业务流程、组织结构、人员管理、市场竞争等方面，旨在识别业务中的问题和机会，并提供解决方案来支持业务决策和优化业务绩效。而数据分析更多依据数据本身，利用各种工具和技术从数据中提取信息，揭示数据的隐藏规律、趋势和关联性，以支持业务决策。
- **工具与方法：**业务分析通常采用问卷调查、访谈、流程分析、SWOT分析等方法，通过对业务过程的深入理解来发现问题和机会。而数据分析则采用各种数学和统计方法，如假设检验、回归分析、聚类分析、决策树分析等，从数据中提取有价值的信息。如果说数据分析重视过程和结论的量化工具，那么业务分析更强调对业务的理解和判断。

此外，业务分析通常针对更具体的问题，需要充分理解并及时跟进业务运营情况，如业务基本面的指标异动、达标情况等的描述与拆解。而数据分析除了应对具体的业务问题，还需要从业务中提炼通用的部分构建组织和系统的数据能力，以供更广泛的组织和团队来调用。但是在实际应用中，这两种分析方法常常是相互关联和相互支持的，企业需要综合应用这两种方法，以实现最佳的业务决策。

4. 商业分析

商业分析（Business Analysis）是指通过对企业商业活动的分析，为企业制定战略、规划、流程和政策等提供支持和建议的过程。它的目的是发现商业领域中存在的问题和机会，提供可行的解决方案，并帮助企业实现商业目标。

商业分析与数据分析、业务分析在目标上没有本质差异。但商业分析的出发点和落脚点通常更准确地收敛到商业价值上，分析对象包括但不限于市场、竞争对手、客户、销售、业务流程、风险等。通过对这些方面的综合分析，商业分析可以帮助企业确定市场定位、发掘新市场机会、制定销售策略、提高产品质量和服务质量、降低成本。商业分析常用的工具与业务分析、数据分析有交叉，包含但不限于市场调研、SWOT分析、头脑风暴、业务流程图、数据分析、预测模型等。

举个简单的例子，假设我们要决定是否开一家咖啡厅，就可以通过商业分析来提高决策质量。

（1）首先，进行市场调研，了解当地咖啡市场的情况，例如目标客户、竞争者、市场规模等。

（2）接着，进行客户分析，找出潜在客户群体，研究他们的需求、购买习惯等信息。

（3）然后，进行产品分析，模拟可能的产品形态以及其对应的销售潜力，找出最有可能畅销的产品和最有可能受欢迎的服务，并根据这些数据制定营销策略。

（4）最后，对咖啡的运营流程进行分析，找出流程中的优化机会点，并尝试优化它们，以提高咖啡运营效率。

通过商业分析，可以确定市场是否值得进入、产品是否契合目标市场需求、是否具备相对竞争力、商业模式是否成立，从而制定更有效的商业决策和运营策略，提高竞争中获胜的概率。

5. 经营分析

经营分析是指对企业运营数据进行深入分析和挖掘，以帮助企业管理者了解企业运营情况、发现问题、优化流程和制定决策的过程。在经营分析中，可以对企业的财务、销售、生产、人力资源等方面的数据进行分析，从而获得对企业运营情况的全面了解，并据此提高经济效益，从而使企业的运营动作有序达成企业制定的业务目标。

经营分析与数据分析、业务分析、商业分析在目标上没有本质区别。但经营分析更侧重于企业内部经营活动的过程与结果，如生产效率、财务状况、人力资源等，以帮助企业管理者了解企业内部的运营情况，制定相应的运营策略和决策，提高企业的内部运营效率和盈利能力，优化企业内部流程，减少资源浪费，降低成本，提高生产效率。经营分析师需要具备业务洞察和一定的量化工具，且需要具备一定的财务知识。

通过经营分析，经营者可以了解到企业的资金状况、盈利能力，以制定更好的财务战略，也可以通过分析运营流程，了解运营成本与效率，找出瓶颈并提出优化方案。

需要强调的是数据分析、业务分析、商业分析、经营分析，虽有不同的业务边界且职责所要求的技能有部分差异，但在实际业务场景下，它们是密不可分的。**一般的业务议题本身就是一个或多个复杂的、融合的课题**，描述业务现状、预测业务发展、提高业务效率需要基于敏捷的商业智能系统，以及数据、业务、商业、经营、行业分析联动支持，如图 1-3 所示。

一般互联网企业都会有一个较大的分析部门，将以上几种分析职能纳入一个大部门体系下，协作运转。这样的部门被称为商业分析部或商业智能部。也有企业将分析部门和运营管理部门设置在一起，称为业务管理部门或业务分析部门或数据分析部门等。但无论哪种，实际想要实现的部门功能都是非常相近的，**即用信息支持企业决策。**

图 1-3　利用 Open AI 画出的四位分析师联合讨论业务的场景

1.1.2　BI分析的概念

由图 1-3 所示的联合讨论业务的场景，我们引出 BI 分析的概念。如果先了解 BI（商业智能）的概念，再进一步回溯一下商业智能的来源，便可以发现商业智能的含义更接近**用信息支持企业决策**的智能定位。

先从概念切入。BI（Business Intelligence，商业智能），一般理解为企业从数据提取信息，并对信息进行收集、管理和分析，而后将这些信息转化为与业务相关的知识供业务使用的机制与系统。这一过程一般依赖数据仓库技术、多维分析处理、数据展现、数据挖掘等技术。市面上多数 BI 分析系统，如 Tableau、Power BI 等主要也是致力于提高企业提取数据、展现数据以及基于 OLAP 的基本多维分析操作（如钻取切片或旋转数据维度等）的能力。

再来回溯一下"商业智能"一词的来源，可以发现商业智能的原始含义更丰富。普遍认为，第一次出现"商业智能"一词是在 1958 年，IBM 研究员 Hans Peter Luhn 将商业智能定义为"理解所呈现的事实之间相互关系的能力，以引导行动朝着预期目标前进。"而后，在 20 世纪七八十年代，决策支持系统和执行信息系统逐渐流行，计算机架构逐渐完善。1989 年，加特纳的分析师霍华德·德莱斯纳进一步将商业智能定义为"通过使用面向事实的支持系统来改善业务决策的概念和方法"。1996 年，加特纳公司进一步将商业智能定义为"商业智能描述了一系列的概念和方法，通过应用基于事实的支持系统来辅助商业决策的制定。"至此，商业智能的概念发展为将信息提炼成知识，并帮助企业做出经营决策的方法、机制与系统。

组织架构是企业的骨架，其设置受所属行业特性、企业所处阶段、掌舵者个人带队风格等影响，参见 2.2.1 节，但在条件允许的情况下我们通常建议将支持企业决策的团队设为专门的 BI（商业智能）部门，该部门的业务范围可包含但不限于：①数据建设；②运营数据分析；③产品数据分析；④业务决策支持，如图 1-4 所示。对应地，将 BI 部门从数据中提取信息，再将信息提炼成与运营、产品、业务决策相关的知识，来创造业务价值的业务动作定义为 **BI 分析**。

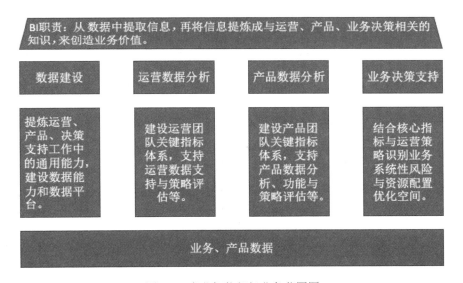

图 1-4　商业智能部门业务范围图

1.2 BI 分析行业现状与 BI 的职责

1.2.1　没有什么不在被数字化

硅谷创业之父 Paul Graham 在《黑客与画家》中曾谈到，如果希望自己的作品对未来的人们有吸引力，方法之一是让你的作品对前面几代人有吸引力，如果你的作品对今天以及 1500 年以前的人都有吸引力，则极有可能也会吸引未来的人。

历史上没有哪个时期像我们当下面临的这个时代如此瞬息万变。降低不确定性的较好的方式，可能是先了解过去，找出纷繁复杂的世界中那一抹稳定的发展动力，而后进行推理和演绎。陆奇早在 2020 年就已经做了这件事。

陆奇在奇绩论坛中讲到创业者的机会时，重点强调了数字化的机遇，其实这部分主要引用自大卫（David Christian）的《极简人类史》，其中有一部分与本书所关心的主题相关，那就是经济发展与技术发展的联系越来越紧密，而其核心结构是能源和信息。基本上所有时代的经济发展的范式和体系，都是由能源和信息的结构组合来决定的，并依托于另外一个驱动因素——通用技术 GPT（General Purpose Technologies，GPT）——来组织人类生产活动，产生 GDP。

1. 社会时期演进

历史上人类社会有三大比较稳定的范式，如图 1-5 所示。

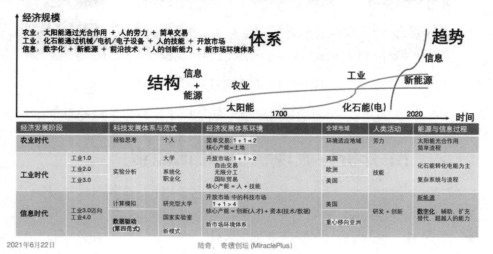

图 1-5　人类社会经历的三大比较稳定的范式（来自陆奇：奇绩论坛分享）

第一是农业体系，能源很特殊，是免费的太阳能，产能主要取决于有多少亩土地，其上的作物在适当的温度条件下通过光合作用生长，变为资源。该体系下的信息流程比较简单，工具也比较简单，人的行为也比较简单，基本是靠人本身的劳动力。

第二是工业体系，工业体系的能源是化石能源，主要的能源形式是电，这就需要设备，如电机设备、基建设备、电器、电子设备等。在工业体系中，人需要做得更多，因为信息结构改变自然现象的过程更复杂。对应地，这时人的行为变得更复杂，当时出现了大规模的培训，大学也产生于这个时期。

第三，也就是现在，我们处在信息、数字化驱动的时代，总共才有60多年的历史，以20世纪通用计算机的出现为起点，人类获得信息、处理信息的能力在不断地快速提高。这个时代的核心能源是各种新兴能源——不断通过数字化，从信息中获得知识，用知识快速地重新组合出新的能源形式、新的技术、新的材料、新的生命过程，以满足人类的需求。人掌握的技能已经不够用了，人需要的能力是创新组合的能力。

从我们所处的数字化驱动的时代来看，也有一些稳定的规律可循。数字化的进展主要依赖前、后平台，其中前台代表交互能力，后台代表计算能力。前台是用户直接操作的界面，包括但不限于办公应用、浏览器、搜索推荐，以及电商、社交、服务零售等领域的应用，而这些应用依托于关系型数据库、云服务、深度学习平台等坚实的后台计算能力。当然，数字化本身也在一刻不停地沿着更广、更深的方向发展，如图1-6所示。

（1）早期PC时代，数字化主要应用在企业信息流通与信息管理，代表企业有微软等。

（2）进入Web/互联网时代，图文信息、商品流通、用户的兴趣爱好等纳入数字化领域，代表企业有谷歌、亚马逊、Facebook等，国内有百度、阿里巴巴、腾讯等。

（3）接下来进入移动互联网时代，我们的日常生活服务也被纳入进来，支付、出行、外卖也进入线上服务范围，代表公司有支付宝、滴滴、美团等。

（4）而后就是AI时代，标志性事件一个是AlphaGo的诞生，另一个是ChatGPT的爆发。当然这仅仅是一个开始，按照信息演进和应用场景扩展的固有趋势，智能信息在生物领域、自动化领域中释放出生产力指日可待。

图 1-6 数字化的演进缩影

下面我们再从微观的视角观察一下渗透在我们日常生活中的数字化演绎。

2. 沟通方式演进

从沟通方式演进的角度来看数字化演绎过程。从飞鸽传书到电报，到固定电话、移动通信、视讯，再到现在的 AR、VR 和元宇宙，可以归纳为两个发展轨迹：

- 交流使可以交换的信息越来越多维，交换信息的延迟越来越小。
- 沟通方式和工具的迭代速度越来越快。

如图 1-7 所示，沟通方式的演进经历了如下四个阶段：

（1）飞鸽传书只能传送有限的文字字符，并且需要等待数日，且不确定性极高。如果鸽子中途被拦截，就有可能收不到信息。

（2）1837 年，美国人莫尔斯发明了电报机，随着电报技术的发展，电报成为了 19 世纪末和 20 世纪初最主要的通信手段之一，极大地提高了信息交换的及时性与确定性。

（3）1876 年，苏格兰裔美国人亚历山大·格雷厄姆·贝尔发明了电话。电话与电报在通信技术上有很大的不同，电报通过电报机发送电信号来传递文字信息，而电话则通过语音信号传递人类声音。电话的发明彻底改变了人们的通信方式，使得人们可以实时地进行语音交流。随后，移动通信让信息交换进一步摆脱来自时间和空间的约束，并使实时视频信息交换成为可能。

（4）现在依托腾讯会议、Zoom 等公司的线上沟通解决方案，信息交换场景又进一步扩充，多人实时交换信息也不再受物理地点的约束。

飞鸽传书可以追溯到公元前 5 世纪左右，到电报、电话的发明，其间经过了约 2300 年，而从电报、电话的发明到 Zoom 等多人协同会议软件的普及，经过了约 150 年。这一趋势也使以 Meta（原 Facebook 公司）为首的业界巨头加大对基于 AR/VR 的信息交互工具以及元宇宙的投入，并积极地探索迭代信息交互场景。

● 公元前5世纪中国
出现飞鸽传书

● 1837年，莫尔斯
发明电报

● 1876年，贝尔发
明电话

● 2011年，袁征创立
zoom

图 1-7   沟通方式演进缩影

3. 购物方式演进

接下来从购物方式演化的角度，可以发现购物选项及体验中也有稳定的演绎逻辑可循。

（1）2000 年之前，消费者主要的购买方式是去线下实体店货比三家。

（2）后来电子商务出现，阿里巴巴通过淘宝、天猫等应用把线下店铺和货物信息迁移到线上，消费者可以在电脑屏幕上在更大范围内货比三家。

（3）接着京东进场，承诺只卖正品，从电脑、手机等电子品类切入，通过提高购买货物的正品率极大地降低了线上购物的交易成本。

（4）再后来拼多多出现，依托微信，下沉三四线城市，接入夫妻店，进一步扩大用户和商品的辐射匹配范围，并利用微信社交关系网，将"熟人"的建议纳入购买决策中来。

（5）现在淘宝、抖音、快手的直播电商，将线下"导购"职能迁移到线上，信息交换从文字、图片变为实时视讯，通过更翔实的货品介绍进一步扩充电子商务的品类范围，通过可互动的沟通方式实时答疑，使消费者做决策更容易。

从原本只有传统线下实体店，到目前阿里巴巴、京东、拼多多等电商平台，以及近期兴起的直播电商，发展趋势遵循的逻辑都有哪些呢？

- 供给侧：货品被数字化并搬到线上，且被数字化的货品范围越来越广。
- 需求侧：用户渗透在持续加快，从一二线城市进一步渗透到三四线城市。
- 交易效率：购买决策可依托的信息维度越来越多，决策成本越来越低。

不难发现，不管是从人类历史演进的角度来看，还是从信息产业发展的视角和我们可以体验到的日常生活的变化去推理，几乎没有什么是不被数字化的。当然，我们改变世界的效率在呈指数提升的同时，我们面临的这个世界的复杂度也在不断提升。面对更加复杂快速运转的世界，我们学习这个世界的能力应该不断强化，掌握尽可能多的信息，快速有效地将纷繁复杂的信息学习归类，将信息提炼为知识，再让知识变成创造价值的生产力，显得尤为关键。提出高质量问题，并提供高质量解决方案，获取信息、提炼知识、支持决策并创造价值的能力的重要性不言而喻。

1.2.2　我们相信上帝，但其他人必须提供数据

"我们相信上帝，但其他人必须提供数据。"（In God we trust, all others must bring data.）这句话由美国统计学家 W. Edwards Deming 强调**在商业和工业中使用数据和统计方法**进行决策和提高决策质量的重要性时提出。这句话也是全球最大的金融信息企业彭博（Bloomberg）所秉持的重要企业文化之一，强调数据在决策场景下的不可替代性。

BI 分析并不是一个新兴的行业，在 1.1.2 节回顾 BI 分析历史的时候也曾提到过。然而，随着互联网应用场景的不断丰富，这一领域的重要性正在逐渐提升。由于互联网行业是信息产业的集中体现，所以在数据应用方面，互联网行业比其他产业更早、更全面、更深入。这种经验积累在商业智能领域得到了充分体现，各大互联网企业都建立了成熟的商业智能团队，用数据支持企业级别的决策，并创造业务价值。

BI 团队几乎是所有互联网公司的标准配置，BI 团队的架构设置参见 2.2.1 节。BI 团队负责为整个企业提供及时、准确、稳定的数据，使企业运营做到有"数"可依，企业的资源配置的决策、各级别的讨论与业务决策可以摆事实讲道理。换句话说 BI 团队驱动企业科学的运营与管理。

在互联网企业中，基本角色包括产品经理、运营人员、研发人员和数据分

析人员。产品经理负责规划和设计产品，并控制产品研发过程，最终使产品功能能够满足用户需求；研发人员负责功能实现；运营人员将产品的功能和价值最优地展现在用户面前，培养用户使用习惯，引导用户行为以实现产品的最终目标；数据分析人员则为各职能部门提供决策支持。当然，不同公司所处的细分赛道和发展阶段不同，每个角色在企业决定做什么、不做什么时的话语权和站位也会有所差异。例如，在工程师文化较强的公司（如百度），研发人员会更主动一些；而在一些对产品的把握与感知更强的公司（如腾讯），产品经理会更积极地参与决策；在重运营的业务模式的公司（如美团、滴滴），则更多由运营人员提出需求，产品经理和研发人员分步实现。不管怎样，互联网公司的核心角色基本上可以归纳为上述四种。

1.2.3 BI团队的职责

简单来说，BI团队负责的工作包括**获取信息、提炼知识、创造价值**。

1. 获取信息

- 要保证公司有数据可用，即有合理的关键指标体系，来保证公司业务可以被及时呈现。
- 定期收集问卷、访谈等调研数据，以定性信息补充业务视角。
- 基于业务场景，有序管理外部数据源数据，补充业务视角。
- 规划并进行数据治理与建设，确保数据准确、及时、稳定，且内部、外部数据以可提升业务价值的方式融合管理。

2. 提炼知识

- 对于"这个业务能不能做？如果做有没有胜算？"等问题，需要搭建经营模型，定期做盈利模型、市场适配性诊断，要支持运营、产品、研发部门进行常规业务时的数据需求，做到业务执行上的决策有"数"可依。
- 对于"现在业务现状怎么样？是否需要调整？"等问题，需要进行日、周、月维度的业务诊断，通过运营策略与指标变化识别系统性风险。
- 对于"业务、产品部门的工作是否有'数'可依？"等问题，需要支持业务与产品策略、功能迭代，进行科学的实验设计与效果回归，作为业务迭代的科学依据。

3. 创造价值

- 对于"用户是否对我们满意？有没有我们错过的信息？"等问题，需要聚焦用户体验，关注留存率、流失率等用户指标，结合用户差评全面描述体验，扫除业务感知盲点，提出解决方案。

- 对于"有没有见本增效的空间？有没有用数据来代替人的决策并产品化提升整体效率的空间？"等问题，需要用算法替代人工决策的过程，聚焦现有业务逻辑，通过提炼运营最佳实践，增强提高组织与产品功能提效所带来的规模效应。

- 对于"其他公司的优势是哪些？是否适用于我们公司？"等问题，基本上需要用爬楼梯法，学习各个领域里最好的解决方案，布局长期发展，不断提炼行业最新实践，探索新的商业可能性。

但往往理想是丰满的，现实是骨感的。就如高考的考点范围有明确的边界，评分有明确的量化标准，考生只要按要求掌握这个范围内的知识点就可以考满分。而事实上，高考只有极小概率有满分出现。同理，虽然大家都比较清楚应该用信息去支持决策，却很少有分析团队把"获取信息—提炼知识—创造价值"三个方面都做好，更多的只发挥了第一个或前两个作用，详见 1.2.4 节。

1.2.4　BI团队的常见分类

事实上，现实生活中较常见的 BI 部门可以按照企业里的责任边界与角色定义，分为报表型 BI 团队、支持型 BI 团队、智囊团型 BI 团队三种类型。

- **报表型 BI 团队**：俗称"提数部门"，突出的特征是团队的工具属性较强。业务和产品人员要什么数据，团队就出什么数据，要什么看板就建什么看板。至于数据解决哪些问题、有没有业务价值，团队不会过多参与思考和讨论。

- **支持型 BI 团队**：不仅做报表型团队的工作，还会参与讨论，看业务和产品人员所规划的是否是有意义的需求、有意义的产品。

- **智囊团型 BI 团队**：除了上面两类事务，还需要做业务价值判断，即这样做能不能增加业务价值，有没有业务影响力；主动通过业务诊断、用户分析等，提出如何做业务和产品才能带来更多业务价值，探索新的商业可能性，真正做到数据驱动。

一个不太乐观的观察是，至少一半以上的有志推进业务数据驱动的 BI 团队最终妥协为报表型 BI 团队，如图 1-8 所示：团队中的分析师无奈地称自己为"表弟""表妹"，勤勤恳恳地建设数据、搭建看板供业务使用、接受大量的提数需求，但很少做与分析相关的工作，这也成为分析师离开原岗位寻找新机会的主要原因之一。剩下一半的 BI 团队中，或许可以参与执行层面的决策探讨，但他们多半属于支持型角色，其影响力只限于产品功能或业务策略上的封闭型任务，如实验设计或效果回归等。只有极少数的团队可以在以上两个角色的基础上，在企业级别决策支持或企业核心功能策略应用上发挥影响力，输出启发性的分析报告甚至带来系统变化的迭代。

图 1-8　惆怅的分析师（通过 OpenAI 生成）

但互联网受数据驱动至少十年了，有没有最佳实践可以提炼要素与规则，提高从 0 到 1 建设数据驱动的 BI 团队机制的效率？这正是本书重点想要讨论的部分。

1.3 数据驱动概述

1.3.1 数据驱动业务的衡量维度

1.2 节讲到了数据驱动业务，简单地讲，其实就是用数据创造业务价值。那么，具体从哪些方面衡量数据是否创造了业务价值呢？

这是一个令无数 BI 团队束手无策的问题，也令无数业务管理者头痛。在我职业生涯的前半旅程中，这个问题也一直困扰着我。

直到我有幸加入华为，参加员工培训并深入了解公司的核心价值观，如图 1-9 所示，我才有了该问题的答案。简而言之，如果你或你的团队能为客户创造更大、更直接的价值，那么组织就认为你（或你的团队）的产出更重要。同时，如果你（或你的团队）承担的任务越辛苦、越困难，组织越会认可你（或你的团队）的辛勤和拼搏。在华为，上级领导的指示是否合理也是可以通过这个逻辑来推理的。例如，如果某项任务不会给业务带来如此大的价值，那么下级就有权反问并要求调整。这种逻辑可以将公司内部所有的行动都归结到客户价值，同时根据任务的难易程度、直接贡献的大小和贡献的客户价值进行激励分配。

图 1-9 华为价值观图例

我要坦白承认，尽管我在华为的时间不长，但公司的核心价值观已经成了我管理团队的基本准则。

如何将这一准则应用到衡量数据驱动带来的业务价值上？具体表现为，关注公司业务结果、用户体验水平以及任务本身的难度系数，如图 1-10 所示。

图 1-10 数据驱动评价维度

- **公司业务结果**：其实就是公司核心 KPI，如销售额、用户数、转化率、续费率、毛利率、净利率等与公司规模与效率相关的指标。如数据需求、分析报告或者数据驱动项目给以上指标带来启发性或者直接操作性的影响，影响越直接，影响面越大，我们就会认为该任务对公司业务结果影响越大。

- **用户体验水平**：一般是识别并减少造成用户投诉、流失的差体验节点，从而提高用户满意度，提高留存率、转介绍率等指标，如数据需求、分析报告，或者数据驱动项目给以上指标带来启发性或者直接操作性的影响，影响越直接，影响面越大，我们就会认为该任务对用户体验水平影响越大。

- **任务难度系数**：在对公司业务结果贡献水平一致、对用户体验水平的贡献一致的前提下，如果任务的不确定性越高，完成任务的过程越艰苦，则激励程度越高。

换句话说，成功的数据驱动，要能将团队的任务与公司业务结果指标、对用户体验的影响连接起来，要经得起业务结果和用户体验的回归，要敢于挑战难关，鼓励团队不惧艰险。

1.3.2　数据驱动业务的大体流程

如何保障数据驱动业务、充分发挥数据应有的潜力？运用数据分析方法，数据驱动业务可分为获取信息、提炼知识、创造价值三部曲。

（1）首先是获取信息，主要依赖数据获取方式，将在第 3 章详细讲解。

（2）然后是提炼知识，协助公司尽可能准确地把握现状，支持公司做出基于真实有效信息的高质量决策。提炼知识模块贯穿公司所有运营环节，集中体现在指标体系建设中，将在第 4 章详细拆解。

（3）最后是创造价值，识别可用数据驱动的效率点，并尽可能用数据去提高产品质量、运营效率，主要体现在对公司业务增长、实现价值主张、盈利、提高用户体验、实现风险控制等模块的贡献中，将在第 5 ～ 9 章依次讲解具体环节。

下面先从整体上看一下数据驱动业务的这三部曲。

1. 获取信息

"垃圾进，垃圾出"是我们经常用来描述由于数据缺失，又或者数据质量低下导致的数据信息价值折损的问题。采集的数据本身如果是垃圾，基于该数据分析的结果就只能是垃圾。如何避免"垃圾进，垃圾出"的局面？制定基于业务的、具有前瞻性的数据获取策略，合理规划数据范围，是保证数据驱动"有数可依"的基石。我们将在第 3 章展开描述数据获取与管理相关的信息，这里先简略介绍概念、原理和范围。

数据获取的分类没有统一固定的分法，为了便于管理和追踪，通常会将数据分为内部数据和外部数据。**内部数据**包括业务结果相关数据、用户属性 / 行为相关日志、业务操作系统日志等公司业务结果、操作流程、用户或其他参与方在使用产品时产生的数据。**外部数据**因企业业务不同而不同，但一般情况下包括爬取的竞争对手数据，与业务相关的公开信息数据，或购买的第三方数据等。此外，需注意的是，信息获取不应仅仅来自线上数据，也应定期收集用户调研、竞争对手调研、市场调研等线下的数据，作为业务视角的重要补充。全面、准确、及时、稳定的信息获取是理想的信息获取状态。

2. 提炼知识

大米煮成米饭才能让我们免于饥饿，同理，信息只有提炼成知识才能发挥价值。如何从信息提炼价值呢？指标提炼、数理统计和数据挖掘需要进场了。

首先，需要提炼关键指标体系。将业务过程与结果翻译成数据，用关键指标量化表达业务现状。合理的指标体系应能完整描述业务，可以表达业务变化，并支持干预与操作。

其次，需要依赖数理统计知识与技术。基于数理统计的信息表达，一般从同比、环比、最高值、最低值、方差和离散系数等，判断指标抖动或者升降，业务、用户或者外部环境变化时，可以将其方向、严重程度、紧急程度表达清楚。

最后还少不了数据挖掘。常用模型始于但不限于回归、分类、自然语言挖掘、时间序列预测等模型，一是直接用于预测结果以提高达到业务目标的效率，二是用于识别对结果指标影响较大的特征项，识别可干预变量，帮助业务快速定位业务关键环节，进行优化。

3. 创造价值

百无一用是书生，不是说读书没用，只是说只会读书没什么用。知识如果不能用在实践上，带来短期或者长期业务变化，则不能说数据创造了价值，下面是 BI 创造价值的几方面。

- 协助鉴别并优化商业模式：建立定价策略、单位经济效益、获客成本、用户生命价值计算等经营相关议题。

- 协助诊断产品市场适配性：通过核心指标升降，以及用户调研与竞争对手调研，来协助判断企业产品或服务是否能有效满足目标用户需求。

- 协助制定业绩目标并进行过程管理：提高公司业绩目标的科学性，如销售额、用户数、转化率、留存率等的合理目标值，并至少以周、月的频次在经营会、运营会进行业务诊断，及时发现问题。

- 用逻辑与模型替代人工决策：识别那些影响业务结果的，又或者是消耗人力的业务环节与任务，并用数据规则或数据模型结果来替代人工，提高目标结果和过程效率。

组建 BI 团队

根据第1章的讨论,广义的BI可理解为一种方法、机制和系统,将信息提炼为知识,并帮助企业做出经营决策。其目的是通过获取信息、提炼知识,创造价值来推动业务发展。为了实现这一目的,商业职能部门需要什么样的"人",如何建立适当的"结构",并进行有效的"管理"?本章将以分析师的画像和能力模型为切入点,探讨BI团队的组织边界和结构,详细介绍BI部门的选型和管理所需考虑的各个细节,重点回答如何建立一支具备决策能力的BI团队。

2.1 "人"：数据分析师画像

⬡ 2.1.1　分析师通用能力

为了更直观地了解业界对分析师的要求与期许，我们可以先看一个分析师的招聘帖子，如图 2-1 所示是我 2018 年在 VIPKID 公司招聘分析师时在朋友圈发出的招聘信息。

图 2-1　2018 年在 VIPKID 公司招聘分析师时发的招聘信息

当然，具体的招聘细节会因分析团队类型、团队建设阶段，以及具体 BI 负责人的性格、偏好等因素略有差异。举例来说，虽然我并不认为这是值得骄傲的事情，但我曾经在最后一句话里加上一些无伤大雅的小玩笑，比如皇马球迷加分或喜欢足球加分，以抵制千篇一律的招聘要求，带来一些乐趣。除了这些不太常见的、非常个人化的差异之外，BI所涉及的业务领域、需要负责的业务模块等也会要求分析师具备不同的知识储备。例如，产品团队的分析师更加注重实验设计和提数能力，而决策支持团队的分析师则更注重商业分析、专题分析和数据挖掘能力。然而，如果将这些不同领域的共同特点提炼出来，即用数据支持各业务线和团队的决策，则数据分析师的通用能力可归纳为以下四点。

（1）**业务拆解能力**：可以迅速理解业务并且把业务问题转化为数据、逻辑问题。能识别出指定的业务问题是不是数据可以解决的，如果可以，拆成哪几个部分，分别对应哪几块数据，应该用哪种方法进行分析和展现逻辑。

（2）**数据提取和模型处理能力**：如会使用 SQL、R 或者 Python，这一层就是支持从数据到提炼信息的能力和效率。

（3）**数理统计基础**：懂常用的数据挖掘的算法和逻辑，保证分析过程与结果的科学性。

（4）**沟通和推进落地能力**：即使是在数据驱动部门，也通常依赖业务、运营、产品部门去真正形成功能迭代与策略变化，所以沟通和推进落地能力很重要。

2.1.2　不同部门对应的BI分析师特征

按照负责的部门业务属性，BI又可以划分为业务数据分析师、产品数据分析师和决策支持分析师。在业务拆解能力、数据处理能力、统计学基础知识、数据挖掘的算法模型，以及沟通和推进业务落地能力等通用能力外，业务数据分析师、产品数据分析师、决策支持分析师的主要职责与对应的技能要求也有一些具体的差异。

- **业务数据分析师**：主要面向业务执行部门，跟踪业绩结果、过程拆解，需要及时发现问题、定位问题，输出解决方案。如假设销售部门上个月业绩完成 70%，业务数据分析师需要回答是哪个组织、哪段业务流程出现业绩偏差导致业绩不达标，建议的解决方案是什么。对于业务分析师，当然要具有 2.1.1 节中叙述的完整的四项通用能力，但通常对其业务拆解能力、沟通和推进落地能力的关注会更多一些，因为通常业务线要求业务数据分析师的反应要敏捷，能迅速协助业务进行异常诊断。

- **产品数据分析师**：主要面向产品、研发部门，统计产品使用数据，跟踪产品功能表现，设计实验跟踪产品功能迭代效果，为产品预期收益做量化评估，尽可能让产品功能保持与业务结果有效回归，保证业务价值大的产品项目的资源得到有效保障。对于产品团队而言，产品数据分析师首先要能处理底层数据，保证产品线数据的完整准确；其次需要具备完整科学的实验设计能力支持产品功能迭代。在四项通用能力中，产品数据分析师通常会更强调扎实的数据处理能力与扎实的实验设计基础。

- **决策支持分析师**：主要面向管理层，支持管理经营会。决策支持分析师核心回答的问题有①事业部级别的增长与业绩达标情况，产品市场适配情况，竞争格局，识别经营上的机遇与风险；②与业务数据分析师、产品数据分析师协作，提炼运营最佳实践，将共性的知识与经验提炼成策略、产品功能不断推进平台智能程度。支持管理团队的决策支持，最重要的是能系统判断业务的机遇与风险，并能主动识别数据驱动业务的机会点，推进变化。决策支持分析师需要具备最理想的能力模型——2.1.1节中叙述的完整的四项通用能力。

2.1.3 不同任务属性对应的BI分析师特征

在不同的业务、不同的企业中，BI团队的角色与任务差异也比较明显。即使同样在互联网团队，也有一些BI团队深度参与业务决策环节，对业务长期战略、短期策略产生影响，但有一些BI团队可能更聚焦于基础数据建设、数据需求支持、看板搭建等从技能和工具上赋能业务的任务。按照日常任务本身的开放程度以及对业务结果的影响力，又可以归纳出需求响应型、独当一面型、独立思考型、推进落地型四类不同的BI分析师类型。

（1）**需求响应型分析师**：具体表现为稳定、准确、快速地解决业务需求，通过及时提供业务、产品的决策所需的数据来提高科学性以输出价值。通常，我们更强调基础数据支持的能力、数据提取与数据处理的能力。

（2）**独当一面型分析师**：具体表现为独立对接一个业务方或一个较大的业

务模块，提炼业务关键指标体系，回答业务方提出的问题，通过输出见解来提高业务、产品决策的科学性，而不仅仅提供数据。通常，我们会更关注业务拆解能力、数据提取与数据处理的效率。

（3）独立思考型分析师：这一类型的分析师俗称"能提出问题的分析师"。具体表现为主动、独立地思考开放型业务问题，与业务方并线思考现阶段业务面临的机会与挑战，探讨现阶段业务资源应该向哪个业务方向倾斜，以及其原因。商业理解能力、业务拆解能力是能提出问题的思维基础，而基于数据挖掘、算法模型的知识提炼、专题分析能力是提炼解决方案的技术基础。

（4）推进落地型分析师：这一类型是能落地项目、实际带来变化的分析师。具体表现为极强的业务结果导向，责任边界并不仅仅限于提供数据、分析报告，而是基于有意义的发现，推进跨部门协作，并带来业务改进。商业洞察能力是提出好问题的基础；数据挖掘能力是寻找更高效的解法的基础；而沟通、协作能力，将业务进步作为目标，持续影响业务和产品团队的推进能力是带来变化的重要变量。

作为分析团队负责人，当被问到什么样的数据分析师是"好分析师"的时候，我的第一反应是选择能够提出问题并带来变化的分析师。因为这类分析师的能力要求更为全面，培养难度也更大，但在处理一些开放性议题时，他们的分析能力会对业务结果产生更大的影响。

但在实际操作中，不同情况应差别对待。当业务方已经掌握了关键环节时，解决问题的最快方法就是提供数据作为业务决策的基础。此时，保证数据快速、完整、准确就显得尤为重要，而展示数据挖掘和算法模型并不是最佳策略。当业务方正在探索问题框架时，提供数据本身并不是最快解决问题的方式，更为核心的是从商业模型和业务本质入手，提炼问题框架并设计分析方案。此时，仅仅提供业务数据并不是最好的利用数据分析资源的方式。

综合来看，首先，好的数据分析师应该是值得信赖的、具有数据素养和业务审美、具备可靠的判断力的。其次，好的数据分析师应该基于业务发展阶段、业务模型的成熟程度、业务／产品团队数据使用情况综合判断是应该仅仅给出数据的支持，还是提炼分析议题、进行探索型分析。最后，好的数据分析师应该以业务效率最优为优化目标，及时调整支持策略的分析师，以最大化 BI 资源对业务发展的效率提升。

2.2 BI 团队的架构设置与部门间协作

2.2.1 BI团队外部架构

BI 分析团队在企业组织架构中的位置会因业务属性和管理层对数据的业务边界的认识不同而有所不同，但观察互联网企业里 BI 分析团队的设置，可以按部门归属大致分为归属在技术团队汇报给 CTO、归属在业务 / 运营团队汇报给 COO、设置独立部门汇报给 CEO 三种设置类型。最常见也最传统的是从属于技术团队的设置，其次是从属于业务运营团队，目前较少但逐步在增加的设置方式是独立存在、直接向企业 CEO 汇报。

（1）归属在技术团队（如图 2-2 所示）：从属于技术团队的情况，通常与数据仓库、数据产品、算法部门并列，与产品、研发并线汇报给 CTO，虚线支持业务。优势是离数据源近，数据获取与 BI 系统建设等需要与数仓团队、数据产品团队的协同，与算法团队同属一个部门，有助于整合数据驱动业务项目的数据解决方案。缺点是离业务较远，对业务活动与策略感知较差，团队整体系统和技术能力输出离业务决策较远，发挥业务决策上的影响力挑战较大。

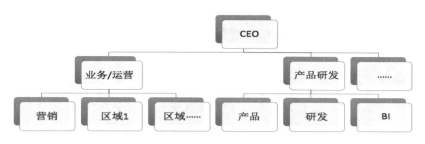

图 2-2　BI 归属在技术团队时的组织架构

（2）归属在业务 / 运营部门（如图 2-3 所示）：从属于业务部的情况，每个业务部门都有自己的分析小分队，各自面向业务部门负责，各自对接研发的数仓、算法团队。优点是与业务交流紧密，对业务日常运营动作和现状了解比较及时，对日常业务支持更全面、响应更及时，对业务结果的感知能力也更强。缺点也比较明显：

- 离数据源远,数据获取、系统建设等职能需与数仓、数据产品合作,成本较高。
- 业务分析团队之间协作不充分,经常造成数据质量问题,如指标管理混乱,业务口径不统一、逻辑口径不统一、依赖底表不统一。
- 造成重复建设,如 A 部门已经做过的议题,B 部门再做一次。
- 分析师很难面向企业保持中立,更容易偏向所负责的业务的立场。

以百度、阿里巴巴、腾讯等为代表的第一代纯互联网企业,数据、分析相关的职能更多从属于研发体系;后来以美团、滴滴等为代表的"互联网 +1"的产业互联网企业,强调企业运营部门面向市场的反应能力,分析职能多从属于各业务部门。

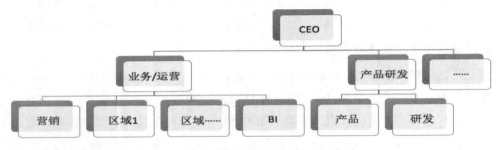

图 2-3　BI 归属在业务部门时的组织架构

（3）设置独立部门（如图 2-4 所示）： 最近几年，随着分析在支持决策中的作用逐渐得到认可，分析团队的重要性在逐渐上升，BI 作为独立的一级部门汇报给 CEO 的情况也在逐年增加。BI 部门直接汇报给 CEO 带来以下几个优势：

- 可以进行公司级别的数据建设与治理,维护标准统一的指标体系,提供统一的数据源,提高管理层看清业务的效率,降低各部门间协作沟通的成本。
- 以更完整的业务视角俯瞰业务,可以在企业内所有业务线之间收集和整合信息,提高企业内分布的知识的广度和深度,从而提高业务解决方案的质量。
- 既保持对业务的敏感度,又保持业务中立视角,独立面向一把手,提供更加客观、中立的信息与解决方案。

图 2-4 BI 作为独立的一级部门时的组织架构

在直接向 CEO 汇报的情境下，出现了较为完整的职能设置，包括但不限于数据分析、用户调研、行业分析、商业分析和经营分析等职能。业务边界更加偏向于决策支持，着重强调为业务决策提供及时和高质量的支持。这在很大程度上提高了各个分析决策部门的横向协作能力，充分发挥各个领域的专业属性，并释放了不同视角的多样性，从而提高了最终决策的质量。

在直接向 CEO 汇报的设置下，即使由于某些客观原因无法在组织架构上包含行业分析、战略分析、用户调研等模块，也应该通过与决策支持部门的沟通，充分探讨并融合不同领域的分析视角与解决方案，在分析过程和设计解决方案中与以上几个部门保持沟通，融合多个业务视角并输出基于完整信息的分析结论。这将确保提出分析结论和解决方案时，在公司内部获得最完整的信息，从而得出更好的决策。

2.2.2　BI跨部门协作机制

在互联网公司中，团队间协作是至关重要的。营销、运营、产品、设计、技术、数据，每个团队都有自己的专业领域和职责，但是只有通过紧密的协作，才能实现公司整体的成功。在一个有效协作的大团队中，团队需要共同制定目标、规划工作流程、交换信息、解决问题和优化流程。当一个企业中的各团队能够相互信任、支持和理解时，他们将能够更好地完成自己的任务并为整个公司带来更多的价值。那么 BI 部门该如何进行团队间协作以确保数据分析的准确性、及时性和有效性，同时也需要将分析结果与其他团队共享，以便更好地支持公司的业务决策？以下我们分为数据体系内的纵向协作，与产品、业务体系间的横向协作，以及可能涉及的与其他分析职能团队的协作来阐述 BI 团队在互联网公司内的协作场景。

1. 数据体系内的纵向协作

数据体系内协作主要涉及与数据仓库部门、算法部门的合作，主要确保数据采集和处理的准确性和及时性，以及如何优化数据处理和存储的流程以及数据解决方案的应用。

- **与数据仓库部门：** 与数仓部门合作负责数据的收集、存储，并进行底层数据建设，向公司保证数据完整、准确、及时，价值呈现主要通过算法工程师和分析师团队。底层数据收集、数据及时更新、表和指标的精确计算是所有分析与应用的基础，而这些产出质量主要受数仓建设水平影响。

- **与算法部门：** 与算法的合作则更集中在数据应用上，通常 BI 分析部门具备数据挖掘与探索性分析职能，但进入平台化应用实现，需释放算法部门优化模型和大规模计算能力。

数据体系内的纵向协作对于企业整体数据使用效率起着关键作用。如图 2-5 所示，协作上 BI 部门会尽力做到具体和完整的需求表达作为数仓与算法建设的输入，以及尽可能事前量化验收标准来协助数仓建设与算法迭代，使数据建设始终满足企业应用需求。

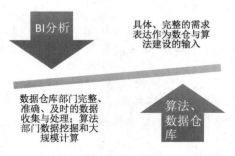

图 2-5　BI 与数据仓库、算法部门的协作

2. 产品、业务体系间的横向协作

在互联网公司中，BI 团队需要与多个团队进行协作，并将数据分析结果共享给整个公司，以确保数据分析对业务决策的支持和帮助。接下来分为协作对象、协作形式、协作内容、协作边界设定来复原互联网公司中的 BI 团队与产品、业务体系间的协作机制。

- **协作对象**：是各团队的业务方，产品分析团队的业务方是产品团队、设计团队，业务分析团队的业务方是业务运营团队、营销团队等，决策支持团队的业务方是企业管理层。

- **协作形式**：我们通常以单独指定BP（Business Partner）对接的方式保证业务收口，这样做的优点是可以积累业务领域知识、增进业务与分析师之间的信任关系。

- **协作内容**：我们通过常规的业务支持动作，在产品、业务、管理周会上输出业务诊断，分享专题分析，支持核心项目等方式完成。与各团队的协作内容如图2-6所示。

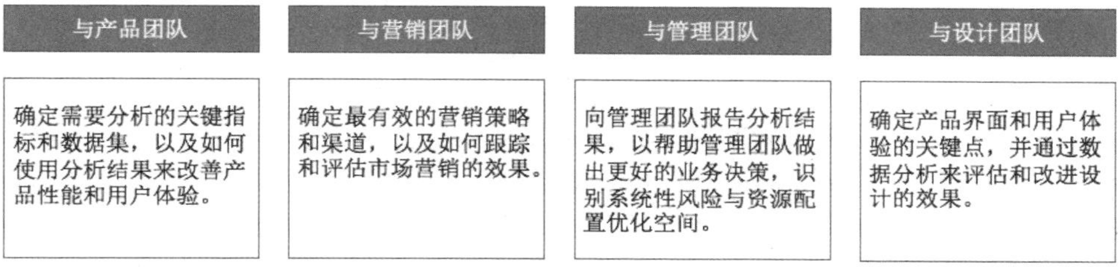

与产品团队	与营销团队	与管理团队	与设计团队
确定需要分析的关键指标和数据集，以及如何使用分析结果来改善产品性能和用户体验。	确定最有效的营销策略和渠道，以及如何跟踪和评估市场营销的效果。	向管理团队报告分析结果，以帮助管理团队做出更好的业务决策，识别系统性风险与资源配置优化空间。	确定产品界面和用户体验的关键点，并通过数据分析来评估和改进设计的效果。

图2-6 BI团队与产品、业务体系间的协作内容

- **协作边界设定**：主要遵从业务价值最大化，创造价值的效率最优化的原则。基于业务成熟度、业务团队科学提炼问题的熟练度、使用数据的科学素养等多方面来决定在支持与引导之间的边界设定。

  - 如果业务、产品团队的数据、科学素养都很强，且企业业务流程和产品本身已经非常成熟，则数据团队配合业务、产品团队快速、准确地支持需求是比较高效的策略。

  - 如果业务、产品团队的数据素养、科学决策习惯还在形成过程中，业务流程和产品本身也尚且处于探索阶段，则BI站位应该更靠前，与业务、产品团队肩并肩一起拆解商业模式、提炼业务问题、寻找解决方案来提高对业务的影响力。

有一点需要特别强调，BI部门作为企业的数据和业务信息的集散地，尽量多与上下游以及平行的协作伙伴保持沟通与交流，使企业内业务信息流通起来，对于提升不同领域背景部门间"共同目标"的建立、提高沟通效率、发展以尊重与信任为基础的同志友情非常关键。

3. 与其他分析职能部门间的协作

如果 BI 部门已经负责其他分析职能，如用户调研、竞争对手分析、战略分析等的职能，则不需要涉及与其他分析职能部门间的协作，因为此时 BI 部门本身已经是比较完整的分析部门了。但如果 BI 部门仍然聚焦于数据智能上，则保持与其他分析职能部门，如战略分析部门、用户研究中心等部门间的交流就显得尤为重要。

不同领域分析师之间交换资讯，激发出新的观点，不仅可以直接提高 BI 分析的信息与视角的完整度，而且收集多角度的业务信息对于输出更完整的解决方案非常有帮助。尤其对于协调需要跨部门协作的复杂项目而言，多角度信息的收集非常有利。

主动承担并支持平行分析部门的数据需求，并及时与其他分析部门共享业务诊断洞见，或者展开基于几方都关注的专题合作与分享等，使分享与交流常态化，都可以提高与战略分析、用户研究行业分析、竞对分析部门之间的协作紧密度。

2.3　团队管理

2.3.1　团队选型

通过 2.1 节和 2.2 节，我们已经了解了分析师的基本素质和团队结构的构建。现在我们将继续探讨如何确定团队类型、运作机制以及如何提高分析师的知识和技能的协同效应，从而最大化 BI 分析资源对业务发展的效益。在本节中，我们将探讨团队选型的问题。

BI 团队选型的基本逻辑与其他组织选型的逻辑相通。为了更好地理解 BI 团队选型的基本逻辑，我们可以参考组织学之父斯蒂芬·罗宾斯对组织类型的描述和管理学之父彼得·德鲁克对团队类型的描述，通过这些描述，我们可以更好地理解 BI 团队选型的基本逻辑。

1. 斯蒂芬·罗宾斯的团队模型

我们先看一下行为组织学之父斯蒂芬·罗宾斯对组织类型的描述。他通过观察团队成员的来源、拥有自主权的大小，将团队划分为**问题解决型团队、自我管理型团队和多功能团队**。

- **问题解决型团队**：成员来自单一的部门，一般就如何改进工作程序、方法等问题交换看法，对如何提高生产效率和产品质量等问题提出建议，但并没有权限进行任何决策或者采取行动。最典型的设置是"质量小组"。

- **自我管理型团队**：成员还是来自单一的部门，但是一种真正独立自主的团队，它不仅注意解决问题，还需要提出并执行解决问题的方案，并对工作结果承担全部责任，可以控制工作节奏、决定工作任务的分配。最直接的体现是，不固定上下班时间。

- **多功能团队**：成员来自不同工作领域，聚在一起的目的是完成某一项复杂的项目。这种方式能有效地使组织间不同领域员工之间交换资讯，激发出新的观点，能解决问题和协调复杂的项目。最直接的体现是，跨团队的专项组织的建立，如滴滴的安全专项组织。

简单讲，如果执行型任务较多，则问题解决型团队适合完成；如果问题细节复杂并没有统一的标准化流程可以遵从，则适当放权的自我管理型团队会更适合完成；如果问题紧急又复杂，靠单一领域的知识很难解决，则应考虑多功能团队设置。

2. 彼得·德鲁克的团队模型

我们再来了解一下彼得·德鲁克，他在《巨变时代的管理》中也解析过三种团队类型。他主要依据对成员行为——应该做什么——的期望做了区分。

- **棒球队型团队**：人们在团队中工作，但并未形成一个真正的团队。他们有不能离开的固定位置，二垒手绝不跑去协助投手。有一句古老的棒球谚语："上场击球时，你完全是孤立的。"

- **足球队型团队**：足球队型团队的成员也有固定位置，如足球队中的后卫或前锋，但前锋可以回来防守，后卫也可以助攻，这些队员是作为一支队伍在发挥作用，而且每个队员和其他队员起相互配合的作用。成员们作为一个团队开展工作。

- **网球双打队型团队**：也叫小型爵士乐队型团队，在双打队型里，队员有自己最喜爱的但不是固定的位置，他们相互掩护，适应其优劣势以及"比赛"过程中不断变化的需求。

其中，棒球队型团队切分非常清晰，但弹性偏弱一些；网球双打队型团队弹性很高，创造性应该也是最强的，在探索未知领域时是最适配的组织形式，但对团队默契程度要求很高，磨合时间较长。

3. BI的团队模型适配

接下来我们将这两个理论映射到 BI 团队的特有属性上来，以确定合适的团队类型。

BI 团队工作属性具有复杂性高、标准化程度低、不确定性高的特点，且面对的业务方较多，每个分析师都需要具备独当一条业务线的能力。

我们先从**分析团队内部分工协作角度**切入探讨团队选型。

以国际外卖的场景为例，我带领国际外卖国家决策支持团队时，对每一位分析师提出的要求是，横向上负责分析一个国家的运营表现、参加运营周会、进行业务诊断；纵向上负责一个独立的业务模块，例如用户侧补贴、增长，商家侧增长、质量管理，骑手侧补贴、分单、派单引擎优化等。每一位分析师的工作横向业务模块完全独立，如日本和巴西外卖就不太可能交叉；但每一位分析师的纵向业务模块又都是全球化的，如用户侧补贴，日本、巴西、哥伦比亚等每个国家都会涉及。这样的工作属性就要求负责各个国家的决策支持分析师在指定的模块下紧密协作、充分讨论，并激发出新的观点。

相应地，这样的团队更适合选择一个适合多功能团队发挥其长处的团队类型，鼓励不同业务线的分析师一起协作完成复杂的领域研究，收集更多的启发方式来提高解决问题的概率。

我们再从**业务内容的开放程度、复杂程度和不确定性程度**切入探讨团队选型。

还是以国际外卖的场景为例，怎么才能业绩翻倍？怎么才能迅速战胜对手？

怎么才能不给骑手更多补贴但依然保证高峰时期骑手先送"我"平台的外卖单？问题自然是复杂的，但它是否可拆解、可描述？

以业务翻倍为例，业务范围可以拆解为新开国和已开国各自的增长和渗透，基于人口、经济发展水平、竞争对手的市场份额和运营策略，自己的自然增长情况，总部拨出的运营预算，再结合经营分析模型、订单预测模型，可以预测自然增长率。若自然增长率已经可以翻番，则调整目标；若自然增长率只有30%，就需要从资源、效率来着手补足余下的70%。BI分析师需要对接公司中的各个业务模块、产品模块、各级别的管理团队以及人力、法务、投资部等多个功能团队。但在业绩翻倍这个议题下，从底层的数据建设到顶层的业务逻辑设计，需要每个环节的分析师都发挥其领域内的知识在整体"业绩翻倍"的目标的牵引下灵活调整站位。

如果从经验支持的视角观察，BI团队的运作机制更像一支足球队型团队，足球场是一个相对宽阔，但还是有边际的区域，BI面对的分析议题也有相似的特征，议题看起来开放，但科学的提炼可以划定业务边界。足球场上的队员每个人都有其擅长的部分，需要配合，这些队员作为一支队伍在发挥作用，BI分析师也是一样，可能是数据建设能力、也可能是商业推导能力，有明确的定位，但每个角色都是向最终的业务目标看齐，调整分析策略，以抵达BI整体支持业务发展的最优效能。

简单讲，BI团队理想的团队类型是"多功能足球队"（如图2-7所示）。

图2-7　皇马欧冠照片，冠军团队的风范

2.3.2　团队运作机制

BI 团队工作属性具有复杂性高、标准化程度低、不确定性高的特征，基于微观管理的运作成本很高。理想的情况应该是分析师不需要被监督，他们自己在至少 70% 的情况下可以做出独立有效的判断并完成任务，剩下 30% 是复杂、开放的议题，可以拿到团队中一起探讨解决。

仔细想想，如果从外星人的视角去看足球可能是一件很荒唐的事情，一群人追着一个球跑来跑去。但是由于它有明确且有意义的目标、前置的规则、及时且公平的反馈，对于接受这个框架的人来讲，进球就变成了一件有宏大意义的事情。就是这样，游戏的人会自愿去克服困难，去完成游戏框架里的任务，这就是著名的"游戏化机制"。按照这个原则，我们生活里面出现的很多事情都可以用游戏的框架提炼规则。

实际上，我们就是将游戏化框架应用到 BI 团队管理上的。

- **设定明确的、有意义的目标**。通过获取信息、提炼知识、支持业务决策、解决业务问题、创造业务价值。在企业内部我们相信这是一个极有意义的、被广泛接受的目标。包括在与分析师与各自的业务方、产品方协作时，我们也鼓励分析师以议题、需求是否解决业务问题、创造业务价值来做价值牵引，一来保证有效地分析资源配置，二来也是可以在更广泛的范围内调动成就动机。相对于因为哪个权威、哪个上游部门的要求而被动的配合劳作，我们希望每位分析师做每件事情都是因为这件事情可以带来业务结果，创造业务价值。

- **使成功可预期**。对于 BI 团队的预期最关键的时期一般是 BI 组建后的前三个月，胜率较高的方式是选取一个对业务核心指标如钱或者人员效率有直接影响的切入点，做一个设计轻巧、缜密，成功概率较高的项目，来提升管理层和团队对数据驱动业务的信任。如在线教育，我们前三个月直接抓的是转化率、续费率、转介绍，这三个业务指标是公司直接的收入来源，它们的共同特征是有运营会涉及大量重复的决策，而如谁最有可能转化、谁最有可能续费、谁最有可能带来转介绍都是可以通过概率模型来计算，且效率一般是高于基于经验的运营规则。简单的效率对比，可以直观展现数据可以带来业务收益的预期。管理层和我们自己的团队有信心了，就可以慢慢去挑战更难的、更大的主题。

- **前置游戏规则**。首先是对于作为数据分析师的数据素养的要求，对于数据准确性、安全性的应该做的和不应该做的，如数据输出之前，验证数据来保证数据准确性的明确步骤、数据安全等级以及不同等级对应的权限分配等。其次是如何衡量贡献，和第1章中提到的如何衡量BI团队产出是一样的，多关注公司业务结果、用户体验水平以及任务本身的难度系数的衡量标准。对公司业务结果、用户体验水平的推进贡献度越高，难度越大，则整体任务贡献度就越高。最后是强调组织协作，如足球队一般，每个人都有明确的任务归属，但作为整体需要及时补位，强调沟通和信息透明，强调信息共享，强调逻辑推理能力，强调担当，使团队具备目标导向的符合逻辑的决策能力。

- **给出及时且公平的反馈**。首先，对团队整体任务完成度的掌握，应像一个指挥者，对于交响乐乐章熟练掌握，同时了解每个个体完成的现状，管理不缺位，即你要知道细节、事情本身的逻辑；管理不微观，队员能搞定的事情，就不要过多掺和，只有在需要时才出现。其次，对团队每个个体能力的把握，应像一个足球队教练，分清楚高速发展的队员、稳定可靠的队员和有待发展的团队，确保队员潜能能被充分激发，优势能被团队看见，团队的上线是每一个个体在每一个能力纬度上最高值，而不是作为负责人的你自己的最高值。最后，也需要像一个教育家，展示更多逻辑推理过程，而不是一味下达命令，用更多how to代替what to，给出具体的可操作的反馈，倾听、阐明、讨论、决策、说服、执行、学习，建立一个不断迭代发展的闭环。

　　这样，也许BI的数据驱动业务的任务便是一个可以自己阐释的有完整意义的世界，分析师基于解决问题并创造价值的愿景激励，在可预期的成功与明确的前置规则下，充分吸收公平及时的反馈，进行自我管理、协作与激励，自愿挑战更有意义的任务，让该发生的事情自动发生。如图2-8所示是《我的世界》视频游戏，该游戏就很好地做到了这一点。

图2-8　《我的世界》视频游戏

第二部分

BI 体系搭建基础知识

/第／3／章／

数据获取与管理

数据是互联网最主要的信息载体,因此采集数据对于保障业务的有序运转至关重要。**数据源**、**数据量**和**数据质量**直接决定数据应用的上限和业务的数据驱动水平。分析框架和数据挖掘工具虽然重要,但如果没有高质量的数据作为基础,也很难创造任何价值。要实现数据驱动,企业需要建立一个**数据仓库**来收集和存储数据。

当谈到数据获取与建设时,许多分析师会认为数据的采集、传输和存储是数据仓库团队的职责,而实际上,BI 团队也应该对底层数据有更深入的了解。这有两个原因。

- 首先,了解底层数据信息,可以提高 BI 本身产出的可靠性与工作效率。如果分析师的数据不可信,任何形式和内容的分析结论都不具备参考价值。而如果数据仓库的数据并不总是十分可靠,分析师就需要花费大量时间和精力去验证和追查数据,而不是将时间和精力分配在协助业务决策的分析和数据应用上。

- 其次,BI 可以通过高质量的需求输入、场景中评估数据质量、践行数据治理机制等方式协助数仓团队建设更完善的数据仓库。

因此,了解底层数据信息对于 BI 团队来说至关重要,可以提高数据应用的效率和准确性。如果达·芬奇在没有掌握眼睛和光学理论的精髓之前就开始画蒙娜丽莎,那么她的微笑效果就无法表现出来。只有当我们了解事物的原理,并掌握了广泛的具体细节,才能拿出更适用的方案并提高成功的概率。

本章将介绍 BI 分析师应该掌握的数据采集、数据质量管理等知识,帮助团队提高数据应用整体效能的知识基础。

3.1 数据采集（以外卖业务为例）

3.1.1 数据源类型

本章章首语中提到数据获取与传输工作由数仓团队负责，团队的任务是确保从各个系统中收集到的数据可靠、准确，并能够用于数据分析和业务决策。团队一般会建设一套成熟的数据采集、数据传输、数据质量评估和数据治理的技术解决方案，来解决企业数据收集、传输并支持应用等问题。数据仓库团队一般会从四个渠道获取数据：从公司的各个系统中提取内部数据，通过爬虫爬取或调用 API 接口的方式获取外部数据，从第三方数据提供商购买数据，通过用户调研、业务反馈等方式获取线下数据（如图 3-1 所示）。

内部系统	爬虫或API接口	购买数据	线下反馈
内部系统生成的数据，如CRM系统、ERP系统、网站应用程序、日志数据。	爬虫爬取或通过开放的API提取的数据如社交媒体、电商、金融、天气、地理位置等。	通过第三方数据提供商购买的数据如市场研究数据、金融、社交媒体、健康、IoT数据等。	通过用户调研、业务反馈获取的平台参与方反馈、业务人员反馈、竞争对手调研数据等。

图 3-1 数据获取的四种主要渠道

（1）从公司的各个系统中提取数据：这些系统包括企业资源规划（ERP）系统、客户关系管理（CRM）系统、电子商务平台等，数据仓库团队需要了解这些系统的数据结构和数据存储方式，然后从中提取需要的数据。通过从各个系统中提取数据，企业可以了解业务情况、优化业务流程和改进产品和服务，从而提高企业效率和盈利能力。

- CRM 系统数据：CRM 中存储了客户信息、销售机会、销售阶段、交易历史等数据，可以帮助企业了解客户需求和购买行为，从而制定更好的销售策略。

- ERP 系统数据：ERP 系统中存储了企业各个方面的数据，包括供应链、库存、销售、财务等数据，可以帮助企业管理和优化业务流程。

- 网站和应用程序数据：企业的网站和应用程序中存储了用户行为、流量、页面浏览量、购买历史等数据，可以帮助企业了解用户行为和需求，从而改进产品和服务。

- 日志数据：企业的服务器、网络设备、应用程序等系统中都会产生日志数据，包括访问日志、报错日志、安全日志等，可以帮助企业了解系统运行情况和安全状况。

（2）通过爬虫爬取或调用 API 接口获取数据：如果公司有其他公司或组织提供的 API 接口，数据仓库团队可以通过这些接口获取数据，通过 API 接口获取数据已成为数据采集和数据分析的重要手段之一，开发者可以利用 API 接口快速、准确地获取各种数据，从而更好地支持业务决策。

- 爬虫获取数据：竞争对手的订单、评价、客单价等运营数据。

- 社交媒体数据：社交媒体平台如腾讯、微博等提供 API 接口，开发者可以使用这些 API 接口获取社交媒体数据，例如用户的社交关系、帖子内容、评论等信息。这些数据可以用于分析用户行为、市场趋势等方面。

- 电商数据：大多数电商平台提供 API 接口，开发者可以使用这些接口获取商品信息、销售数据、用户行为等数据，这些数据可以用于分析用户购买行为、商品热度、市场趋势等方面，帮助电商企业制定更好的营销策略。

- 金融数据：金融机构和数据提供商如彭博（Bloomberg）、汤森路透（Thomson Reuters）等提供 API 接口，开发者可以使用这些接口获取股票价格、汇率、财务报告等金融数据，这些数据可以用于分析市场趋势、投资决策等方面。

- 天气数据：气象局和天气服务提供商提供 API 接口，开发者可以使用这些接口获取天气预报、实时天气数据等。这些数据可用于各种天气相关的应用程序和服务，例如农业预测、航空运输等。

- 地理位置数据：地图服务提供商如高德地图、百度地图等提供 API 接口，开发者可以使用这些接口获取地理位置信息、路线规划、交通拥堵等数据。这些数据可用于各种定位相关的应用程序和服务，例如出行规划、共享经济等。

（3）从第三方数据提供商购买数据：有些数据可能无法从公司自身的系统中获得，数据仓库团队可以从第三方数据提供商购买这些数据，通过购买第三方数据，企业可以获取各种有价值的数据，加速数据采集和分析的速度，帮助企业制定更好的业务决策。

- 市场研究数据：第三方市场研究公司如 Forrester Research、Gartner 等提供各种行业报告、市场趋势分析、消费者调研等数据，可以帮助企业了解市场状况、竞争对手和消费者需求等信息，从而制定更好的市场策略。

- 金融数据：金融数据提供商提供各种金融数据，包括股票价格、市场指数、汇率、宏观经济数据等，可以帮助金融机构和投资者做出更好的投资决策。

- 社交媒体数据：社交媒体数据提供商提供各种社交媒体数据，包括用户行为、话题热度、品牌声誉等信息，可以帮助企业了解用户行为和反馈，从而优化产品和服务。

- 健康数据：第三方健康数据提供商等提供各种医疗保健数据，包括疾病流行趋势、医疗保健成本、临床试验数据等，可以帮助医疗保健机构和研究人员更好地了解医疗保健市场和患者需求。

- IoT 数据：第三方物联网（IoT）数据提供商提供物联网设备和传感器数据，包括设备连接数量、设备使用情况、传感器数据，如图像、视频、物体的速度、温度、压力水平等，可以帮助企业了解物联网市场和设备使用情况，从而制定更好的产品和服务策略。

（4）通过用户调研、业务反馈等方式获取线下数据：业务反馈、用户调研、竞争对手调研等数据也是我们了解业务的重要的补充视角，帮助我们更完整地了解业务现状，打开更多启发性的视角，了解用户的需求和反馈，以及其行为背后的动因，从而改进服务和产品，提高用户满意度和市场竞争力。

- 平台参与方反馈：外卖平台通过用户点评和商家反馈等方式获取餐饮、外卖、酒店等线下服务的数据。用户可以在外卖平台上对商家的服务、菜品等进行评价和反馈，商家也可以通过外卖平台了解用户需求和反馈，从而改进服务和产品。

- 业务人员反馈：内部系统（CRM、ERP）使用者对系统的点评和反馈，汇报业务人员的决策习惯，用户对产品的体验感，从而改进内部产品效率。

- 竞争对手调研数据：通过竞争对手官方网站和社交媒体、市场研究报告和调研数据、消费者调查和分析、内部员工和渠道伙伴反馈对竞争对手的产品、服务、市场策略等方面进行调查和分析，帮助企业了解竞争对手的优势、劣势、市场份额、产品特点、客户群体、定价策略等信息，从而更好地制定市场营销策略、产品研发计划和竞争对策。

3.1.2　数据源的信息结构

现在相信读者已经了解互联网公司获取数据常用的数据源与类型，下面我们将从企业的使用场景来了解数据源的信息结构与框架，了解企业是如何基于以上数据源来描述业务过程与结果的。用数据源来描述业务的过程首先需要提出问题，即利用这些数据源要回答哪些问题。其次需要将问题拆解到具体的数据字段，再结合企业本身业务特征，提取与结果相关的字段变量，有重点地解释和复原业务。

（1）提出问题的框架大致遵从"5W1H 原则"——Why（为什么）、What（是什么）、Where（在哪儿）、Who（谁）、When（什么时候）、How（如何），但略有不同——分析师需要多考虑宏观环境（Environment）和竞争因素（Competition），如图 3-2 所示。因此 BI 常用的启发式包含但不限于：谁在什么时候在什么地方做了什么事情导致了什么结果？当时客观环境是否特殊？当时竞争对手策略有无差异？

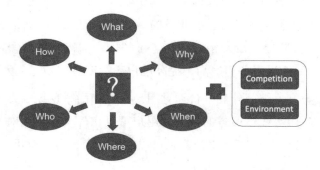

图 3-2　5W1H、Competition（竞争）、Environment（环境）

（2）问题拆解到具体的数据字段可以包含角色、时间、地点、内容、行为、业务结果、参与方体验、客观环境、竞争对手，如图 3-3 所示。

角色：用户、商家、运营、产品等操作人的属性，包括 ID、性别、所在区域等。

时间：触发行为的时间。

地点：行为发生的城市、地区浏览器等。

内容：行为的对象，如按钮等。

行为：行为的操作方式，如浏览、点击、输入等。

结果：行为造成的结果，如下单、发送等。

体验：行为获得的感受，如好评、差评等。

客观环境：行为发生的时空环境，如天气等。

竞争对手：行为发生的时空下竞争对手的策略，如商品价格、促销力度等。

图 3-3 业务问题对应到数据字段

（3）结合业务本身特征选择相关变量描述业务，这里以外卖场景为例来讲解。

如图 3-4 所示，外卖业务流程可以拆解为用户下单、商家接单、平台派单、骑手配送、交易完成、用户反馈等六个环节。

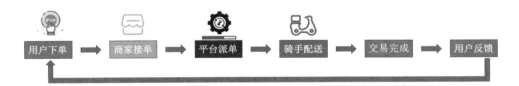

图 3-4 外卖业务流程

（4）设计对应数据获取方案。结合第（3）步中的业务流程、第（2）步中拆解的字段（角色、时间、地点、内容、行为、业务结果、参与方体验、客观环境、竞争对手），以及第（1）步中的八大要素，便可以设计对应数据获取方案。

- 内部系统数据收集应包含用户端 App、商家端 App、骑手端 App、平台 CRM、市场投放、促销等操作系统中参与方、参与方行为、交易、履约、反馈等用户属性、业务结果与行为日志数据。
- 调研爬虫提取的竞争对手 App，并调用接口收集的第三方数据获取竞争对手的参与方、参与方行为、交易、履约、反馈等用户属性、行为与业务结果等日志数据；考虑地理、天气、路况信息等宏观环境数据；通过传感器收集的物理数据来获取骑手的到店、离店行为，追踪到室内、店铺楼层等数据。

- 购买第三方数据结合用户调研、竞争对手调研等方式获取用户体验、品牌感知、市场份额、产品特点、客户群体、定价策略、促销力度等信息。

具体每一个企业每一条业务线的数据采集工作当然应该按照行业不同、企业发展情况不同、业务所属阶段，对可用的数据源的范围和数据的质量做具体的调整，以保证数据源可以更有效地支持企业业务等发展需求，如图3-5所示。

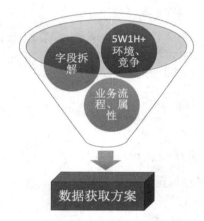

图3-5　提炼数据源的信息结构，拆解到具体数据字段，对应业务流程来制定数据获取方案

3.1.3　数据传输与存储

为了使数据可以被下游业务决策系统和分析人员有效调用，数据仓库团队通过一系列的数据传输、设计业务场域、建设数据模型等，来保证数据以简洁、完整、一致的方式推送到下游业务系统和分析团队可调取的数据平台。

如图3-6所示，经过数据仓库团队整理后的数据仓库可以分为ODS、DWD、DW、DM、App 5层，App、操作系统和从外部爬取的数据首先会汇入ODS层。

- ODS（Operating Data Store）：应用数据存储层，俗称数据源层，包含底层的数据，一般有线上服务日志、BD表等底层元数据。
- DWD（Data Warehouse Detail）：数据仓库明细层，俗称数据明细层，

属于过渡层，位于 ODS 层和 DW 层之间，主要功能是完成数据清洗、增加字段，使各个孤岛数据连接起来，并适当引入数据冗余，尽可能包含较广的业务场景，便于上层数据统计。

- DW（Data Warehouse）：数据仓库层，俗称数据中间层，位于 DWD 层之上，是对 ODS、DWD 层数据进行统计抽取后的结果，是 DM 层的数据统计的基础，需要根据业务、主题进行数据组织，需要注意可扩展性，防止数据仓库大规模变更。

- DM（Data Mining）：数据挖掘层，俗称数据服务层，对 DW 层表进行统计抽取，其主要特点为统计级的指标较多，为前台报表提供数据支持。

- App：数据应用层，App 层通过直接对接业务系统或通过提供数据查询，来为企业内各职能部门提供数据服务。

图 3-6　数据仓库各层级

就外卖业务而言，数据仓库的设计方案需要结合具体业务场景与已获取的数据源，来决定具体的数据应用层、服务层、中间层、明细层的主题与内容，如图 3-7 所示。

（1）需要从应用层来确定业务需求和目标。了解用户的需求和目标，确定数据仓库的用途和范围，在外卖业务场景下，则为管理团队、运营团队、产品团队等的需求与业务目标。

（2）基于应用层的需求，明细层可以确定需要收集处理的数据范围，如订单数据、用户数据、商家数据、骑手数据、平台策略数据等。

（3）需要基于应用层的需求与确定好的数据范围设计数据模型，根据业务需求设计数据仓库的数据模型，包括维度表、事实表，确定明细层、中间层等。具体到外卖场景，以商家端为例，基于管理团队、运营团队、产品团队对于商家数量、质量、活跃度等的关注，中间层就可以提炼为商家获取、活动、属性、流量、运营等主题，而服务层又可以聚合成商家获取、商家活动、商家属性等主题宽表。

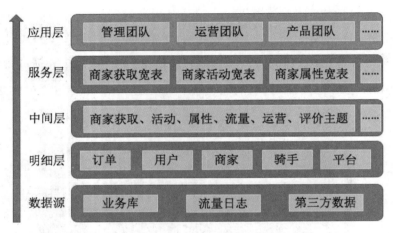

图 3-7　数据仓库各层级在外卖业务中的应用

数据仓库设计方案是为构建一个高效、可靠、可扩展的数据仓库而制定的计划。具体的数据仓库建设会涉及选择数据传输的工具（如 Spark、Kafka 等）、数据仓库建模（将清洗、去重、合并、校验后的数据按照设计好的数据模型进行建模，形成数据仓库）、数据仓库管理（对数据仓库进行管理和维护，包括备份、恢复、监控等操作，以确保数据仓库的稳定性和可靠性）。

建立这样的数据仓库，是为企业的业务分析和决策提供有力支持的底层保障。

这里每一层的取舍决策都需要 BI 侧的业务需求输入。此外，数据计算又可以分为离线计算和实时计算，对应的常用的技术选型分别为 Spark、Hive 和 Storm、Flink；数据存储也会涉及具体的技术选型，包含但不限于 MySQL、HDFS、Hbase、Kylin、ES 等。具体技术选型时不会要求 BI 团队过多的需求输入，这里不展开描述。

实现接口数据同步的方式按使用场景可以全量同步、增量同步或流式数据同步，在数据使用的过程中，若发现数据缺失，则可通过业务向产品经理提需求，增加系统埋点来获取数据，若发现 DM、DW 等支持应用的数据表中需要增加新字段，也可通过向数仓提需求的方式来解决。

数据仓库的建设质量直接影响 BI 乃至整个公司数据的质量，若域和表层级、字典提炼等出现大面积的质量问题，则会直接引来数据不准确、调取不及时、传输不稳定等问题，靠谱的数据仓库模型是一切分析的基础。我们如何保证数据仓库以及数据资产的质量呢？ 3.2 节将重点讲解数据质量管理相关知识。

3.2 数据质量管理

数据质量管理可以分为两部分：一部分是确定数据质量标准；另外一部分是基于标准的数据质量治理。下面分别介绍。

3.2.1 数据质量标准

获取数据并建设数据仓库后，还需保证数据质量是可靠的。数据质量是数据应用的基础，按国际数据管理协会[①]的定义，数据质量标准一般包含 6 个维度，如图 3-8 所示。

- **完整性**：描述信息的完整程度，度量数据是否缺失，包括记录数缺失、字段缺失、属性缺失。

- **唯一性**：描述数据是否存在重复记录，没有实体多余出现一次，常见度量为主键值是否重复。

- **有效性**：描述模型或数据是否满足用户定义的条件，通常从命名、格式、数据范围等方面进行约束。

- **准确性**：描述数据是否与其对应的客观实体的特征相一致，一般需要与确定的目标值对比。

---

① 国际数据管理协会（DAMA International）成立于 1980 年，是一个由技术和业务专业人员组成的国际性数据管理专业协会，旨在世界范围内推广并促进数据管理领域的概念和最佳实践。

- **及时性：** 描述从业务发生到对应数据正确存储并可正常查看的时间间隔程度，在及时性上应尽可能贴合业务实际发生时点。

- **一致性：** 描述度量数据是否符合业务逻辑，数据发生是否符合客观规律。

图 3-8　国际数据管理协会数据质量标准

3.2.2　数据质量治理

接下来，进一步探讨数据质量治理。按国际数据管理协会的定义，数据治理是对数据资产的管理活动行使权利和控制的活动集合（规划、监控和执行）。根据 3.2.1 节，数据的理想情况一定是符合完整性、唯一性、有效性、准确性、及时性、一致性，但很少有企业可以同时做到这六点。不同的企业面对的数据质量问题都有其特殊性，但目前比较常见的数据质量上的挑战有以下四种。

- 需求不清晰、输入不规范、规则传递有误等导致无法构建或维护正确的底层模型。

- 缺乏统一的顶层设计、协议好的业务口径，同样的业务语言对应不同的计算结果。

- 数据采集、处理过程中的数据丢失与格式错位。

- 业务规则变化或产品功能变化未能及时传到数仓，导致数据不及时、不准确。

此外，数据分析职能团队架构混乱，则更容易导致数据质量问题，因为组织混乱便很容易缺乏统一的顶层设计规范，也无法拉齐指标口径，进而就无法建设稳定的 DM、DW 等中间计算层。对于已经产生的数据质量问题，应该意识到数据质量的提升并不能一蹴而就。数据治理的过程漫长且艰难，通常分为对存量数据的治理和增量数据的治理。

（1）**对于存量数据**：了解评估每一维度所需工作的情况下，清晰定义业务需求，按业务影响和改进难易度等维度定义问题优先级，有助于明确治理目标并跟进数据质量改进的进度。

还是以外卖业务为例，订单数据质量管理是每家外卖业务企业都需要重点关注的模块。外卖业务的订单数据是重要的数据资产，订单数据不清不楚会直接影响履约效率、用户体验，以及可能带来直接的成本损失。

订单数据的要求是唯一、完整、格式规范，以保证数据被准确、完整、高效地调用。如重复订单、用户多次下单或系统重复记录下单行为都可能造成统计上的假象，应及时进行去重操作。如订单数据缺失，即订单编号、下单时间、订单状态等关键信息的缺失会直接影响数据调用效果，应及时对数据进行校验和验证，确保订单数据完整、准确。

对存量数据，对已发现的问题主要策略是清洗。对订单各层存量数据进行清洗，包括去除重复数据、纠正错误数据、删除无用数据等，以保证订单数据的完整性、准确性和一致性。

（2）**对于增量数据**：预防是最好的管理。延续外卖业务中订单数据质量管理的例子。

- 提前参与规划，确定订单格式规范：为保证数据的统一性和标准化，应设立订单数据录入规范和标准，如数据格式、字段名称、数据类型等。
- 建立可行的数据质量监控体系，把控整个数仓设计和开发过程，对订单数据进行实时监控和异常检测，及时发现和解决问题，以确保数据质量。
- 约束业务方需求质量，统一口径与计算逻辑，明确数据质量检测方法和验收标准。
- 建立处理反馈机制，研发、数仓、BI 和业务团队，都要参与其中，出现质量问题可以定位到具体部门、具体人员进行整改迭代。

错误的数据、缺失的数据、迟到的数据，在数据的价值体现上都存在问题，轻则无法使用，重则造成决策失误引起重大损失。理想情况下，企业数据资产应由扎实的业务方、逻辑清晰的 BI 团队和技术精湛的数仓团队协议统一规划数据资产的顶层设计，制定统一数据架构、数据标准，设计数据质量的管理机制，采用分类处理的方式持续提升数据质量，来尽量减少数据质量问题。

新型数据源

 3.3.1　关注传感器的数据

在 3.1 节中已经简单介绍了传感器的数据应用，本节将从传感器的原理及其未来的使用场景来介绍传感器数据以及其扩展性。

传感器是一种检测装置，能感受到被测量的信息，并能将感受到的信息按一定规律变换成为电信号或其他所需形式的信息输出，以满足信息的传输、处理、存储、显示、记录和控制等。传感器数据的传统应用场景为预防性维护和预测，但随着通信技术的进步、计算技术的不断发展，物联网技术又向前迈了一大步，更多物理世界的信息通过传感器收集到线上来，帮助我们更完整地了解事件的全貌。

传感器为什么越来越重要？第一个原因是供给侧改革带来的机遇。工业互联网是公认的较大的机会模块，而该传统工业数据主要来源于机器设备，数据存储主要以传感器、RFID 读写器等方式完成。如何更好、更快、更稳定地制造更多高质量的东西？如何更快、更及时地诊断产品以及产品线可能出现的问题？大量的传感器数据上传到云端，与线上模型结合必将在很大程度上提高供给侧的决策质量与决策效率，如图 3-9 所示。第二个原因是需求侧产生数据的前端也在继续深入到物理世界，智能灯、智能音响、智能台灯等智能硬件的不断崛起，以及在 3.1 节中提及的线上线下交互的服务节点的智能化（如骑手端的传感器），以及已部分实现的无人配送机器人配送的传感装置，都会产生大量的图片、音频、视频，以及物体的速度、温度、压力水平相关数据。收集、使用这些数据必然会有助于我们更好地把握用户需求和决策关键点，带来竞争优势。

图 3-9　传感器数据的流转流程

举一个吴军老师在《智能时代》里提过的案例。著名奢侈品品牌 PRADA 早在多年前就在美国纽约的旗舰店中的每一件衣服上都装了一个小的传感器，每当一位顾客拿起一件 PRADA 的衣服进试衣间时，传感器就会自动记录进入试衣间的时间、地点、次数、停留时长等信息，并将其传回总部以供分析。这样基于数据就可以进一步预测衣服畅销或者滞销的概率，也可以进一步拆解到运营流程，定位具体的薄弱环节，例如今日顾客进试衣间的次数多但销量低，则衣服滞销的原因可能不是设计问题，而是试衣后的跟售环节需要精进。

传感器数据帮助我们收集更多的、更深的物理世界的信息，与我们通常处理的互联网运营数据相联系，结合有效的数据分析与算法模型，会促使数据在更广泛的范围以更全面的方式提高产业效率，催生新的应用场景和商业价值。

⬡ 3.3.2　音频、视频等非结构化数据的解析与应用

在谈到数字化趋势时，我们曾谈到信息线上化的维度越来越完整，实时性越来越强，对物理世界的反映越来越真实。表象之一便是大量的非结构化数据的采集与应用，但是由于其庞大的数据量和对应的信息密度以及解析成本等问题，以前很少有企业可以通过提炼业务场景、解析音视频来提炼有效信息。

随着长/短视频业务的发展，以及录播、直播等在线教育场景的扩展，音频、视频等非结构化数据量呈指数级增长，同时受益于算法、算力的不断提升，存储、解析非结构化数据的效率也越来越高，于是更多的数据团队将此类数据纳入分析数据源中，进一步提炼更完整的信息。

以在线教育场景为例，VIPKID 是一家在线少儿英语教育公司，将北美外教与中国学生联系起来，通过约课直播的方式提供英语课程。VIPKID 拥有大量学生上课的视频和音频，算法团队受命拆解音频与视频，以识别出学生发音时长、说话次数、与老师的交互次数，以及识别出孩子的笑脸等信息。这些信息不仅

用来判断孩子的学习水平和体验水平，作为调整课程级别或老师干预的重要依据，还结合家长和学生的评价数据、转介绍和续费等数据，来预测每位学生的转化和续费概率，进而制定不同的运营策略，提高运营效率。其中，最直接带来收益的项目是"疯狂晒娃"活动，算法团队解析上课视频中孩子最开心的"笑脸"，生成转介绍链接推送给家长，这种个性化的交互方式引起了家长的强烈共鸣，引来现象级传播与转化。可见，进一步挖掘音频、视频数据，识别与用户体验、决策因素相关的变量，可以极大地提高精准性。

我们再靠近未来一步。ChatGPT代表了自然语言处理领域的巨大进步和成就，可以自动生成文本、回答问题、翻译等，为人类提供了更高效的自然语言交互方式。虽然目前它是基于文本数据进行计算，但结合多模态数据进行训练可以提高其认知水平和应用范围。多模态算法模型是指能够处理不同来源和格式的数据，包括文本、图像、音频、视频等，并将这些数据进行联合建模的模型，如图3-10所示。它通常利用多个数据源来获取不同类型的数据，通过各自对应的模型提炼出信息，并将这些信息整合在一起，输出整合后的模型结果，以提高数据的表征能力和准确性。在自然语言处理、计算机视觉、音频处理、社交媒体分析、智能交互等领域都有广泛应用。

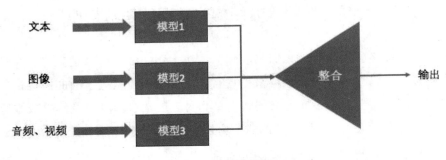

图3-10　多模态模型

如果ChatGPT结合图像、音频、视频等多种模态的数据进行训练，它的理解能力、交互能力和应用领域将得到质的飞跃。多模态算法模型的训练可以让ChatGPT理解并处理各种语言形式，从而实现更准确、全面的智能应用。

如果ChatGPT要实现多模态的智能应用，就需要大量的图像、音频、视频等多模态数据进行训练。因此，数据采集和预处理成为实现多模态智能应用的关键步骤。如果没有足够的多模态数据，ChatGPT就无法学习和理解不同类型的信息，从而无法实现更广泛的应用。因此，多模态数据的采集和利用成为未来人工智能发展的重要方向之一。

3.3.3 标注数据

为了进一步提高使用音频、视频等非结构化数据的效率，标注数据的质量提升也是非常关键的一步。人工智能将颠覆的行业数不胜数，但如果有一个行业是由人工智能而兴起的，那可能就是标注数据的行当。

标注数据是什么呢？标注数据是指通过对未经处理的初级数据如语音、图片、文本、视频等进行加工处理，转换成机器可识别信息的数据。标注数据主要是对人工智能学习数据进行加工，标记的基本形式有标注画框、3D画框、文本转录、图像打点、目标物体轮廓线等。人脸识别、情绪识别、自动驾驶中的很多学习场景都离不开标注数据。除了图片识别，人脸识别、情绪识别、自动驾驶中的很多学习场景都离不开标注数据。著名人工智能专家李飞飞团队的计算机视觉研究就是从她的博士生一张一张标注猫图片开始的。

过去大数据的使用，强调更多的数据、更好的模型，而现在随着新的应用领域不断出现，智能系统需要支持的决策越来越复杂，好的数据变得越来越稀缺，也就有越来越多的企业进入标注数据领域。著名人工智能科学家吴恩达老师曾在不同场合反复强调数据质量对于模型效率优化的重要性。他在多次演讲中提出，优化模型获得的收益不如优化数据集带来的收益。据吴恩达老师披露的案例数据，在一个钢铁质量检查中，原模型的准确率为76.2%，优化模型参数带来的效果提升约等于0，而通过优化数据集带来的提升高达16.9%。

那么如何优化数据集的标注质量呢？结合吴恩达老师的演讲与我们的实操经验主要聚焦两点：

- 第一点是标签的判断标准要有一致性。特别是多人参与标注数据时，尤其需要具体、准确地描述标注标准并有效传递，以约束标注数据者遵从标注规则。

- 第二点是利用大数定理，把与大多数判断不一致的标注识别出来。例如，同一张照片大多数人只识别出一只猫，而少数几个人识别出两只猫，则这些少数人的标注标准极有可能和大家不同，会给整体数据质量带来干扰。

同理，随着 ChatGPT 和多模态大模型的发展和应用，标注数据的重要性也会更加突出。由于多模态数据通常具有更高的维度和更多的信息，因此需要更精细和复杂的标注来帮助模型更好地理解和处理这些数据，而这也会导致单一模型预测能力与多模态模型预测能力的显著差异，如图 3-11 所示。

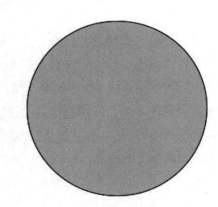

单一模型预测能力　　　　　　　　　　多模态模型预测能力

图 3-11　网传单一模型预测能力与多模态模型预测能力对比

例如，在图像识别任务中，传统的标注方式是标注图片中的物体类别，但在多模态算法模型中，我们还需要对图片中的物体位置、大小、角度等信息进行标注，以帮助模型更好地理解这些图像。在语音识别任务中，传统的标注方式是标注音频文件的文本转录，但在多模态算法模型中，可能还需要对音频文件中的情感、语调等信息进行标注，以帮助模型更好地理解和处理语音数据。

标注数据将帮助我们进一步提高从数据中提取信息，并提炼为知识来进一步指导我们在复杂业务场景下的决策的效率。特别是，随着多模态算法模型的发展和应用，更复杂、更精细的标注数据将变得更加重要，这将为人工智能技术的发展提供更大的挑战和机遇。

/第/4/章/

搭建指标体系

　　曾任美团COO的干嘉伟谈及科学运营，强调业务监测在业务运营中的重要性时
讲道："你衡量什么，就得到什么。你无法衡量，就压根儿不知道发生了什么。也只
有观测，才知道发生了什么，要改善什么。"美团每天早晨的晨会就是针对数据观测
的及时反馈。

　　看清楚业务，搭建业务指标体系，这是所有BI部门需要解决的第一要务。本章会
从指标体系的概念、常用模型、设计的指导原则、落地的具体操作以及实际业务场景
下的业务诊断机制建设，来讲解从零搭建业务关键指标体系、支持业务诊断的全流程。

4.1 指标体系的概念、作用和衡量标准

4.1.1 指标体系的概念

指标体系是什么？我们需要从"图灵测试"开始回溯。20世纪50年代，人工智能之父艾伦·图灵（Alan Turing，如图4-1所示）在题为《计算机器与智能》的著名文章里提倡大家思考"机器是可以思考的吗"这个问题。当时大部分人都还有一个预设的偏见，就是主观上无法接受计算机能够思考，而支持计算机有思考能力的人，也无法给出科学的、有说服力的"能思考"的标准。图灵提出了一个严格的有操作性定义的测试：如果计算机能够进行智能对话，过程中并不与参与实验的人接触，且参与实验的人在沟通足够长时间后，仍不能根据这些问题判断对方是人还是计算机，那么便可以认为这台计算机是可以思考的。这就是著名的"图灵测试"，如图4-2所示。

图 4-1　人工智能之父艾伦·图灵

这个测试有许多开创性意义，其中包括通过明确标准防止"预设偏见"的干扰，并给出了"能思考"这个概念的明确定义，使之建立在可观察、可测量的基础上。将一个概念或变量明确地定义为可以被观察、测量或操作的行为或事件，以便它们能够被科学研究和理解，这样的定义称为**操作性定义**。操作性定义需要明确指定一系列可操作的步骤或程序，以便研究人员能够在实

验或观察过程中准确地测量或观察变量的值或状态。例如，在研究焦虑情绪时，研究人员需要将"焦虑"这个概念转化为可以被观察和测量的操作性定义，例如使用心理问卷测量焦虑水平或通过观察被试的生理反应来测量焦虑水平。通过操作性定义，研究人员可以确保他们的**研究结果具有可重复性和科学可靠性**。这样，科学方法可以被应用于测试和证明计算机是否具有思考能力，这是概念的操作性定义的重要途径之一，也是科学与其他理念的重要区别之一。

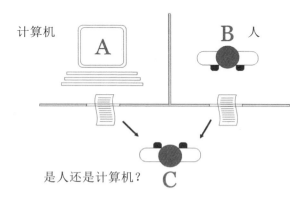

图 4-2　图灵测试设计原理

　　指标体系和操作性定义密切相关，因为指标体系是在操作性定义的基础上构建的。指标体系和图灵测试有一定的相通性，**指标体系**有以下要点。

- 指标体系可以理解为**业务的科学表达，让业务可观察、可测量**，用于对抗业务上的"预设偏见"和"主观感受"。
- 它由一系列相互独立、操作性定义明确的指标构成，用于度量和评估企业或组织在特定业务领域或战略目标方面的表现。
- 它通常包括一组**关键绩效指标**，这些指标用来衡量企业的业务成功与否，并确定需要采取哪些行动来改善业务表现。

　　在建立指标体系时，需要将每个指标明确地定义为可操作的行为或事件，以便它们能够被科学研究和理解。可操作的指标定义可将概念或变量转化为可以被测量或观察的具体行为或事件，并确保每个指标都能被准确地测量和分析。通过指标体系，我们可以对可操作定义中的概念或变量进行更全面、系统的衡量和评估。

4.1.2　指标体系的作用

指标体系为什么重要？因为**它可以帮助企业看清业务现状**。指标体系立竿见影的作用包括拉齐企业内部对目标的理解、量化企业内部各部门的贡献与职责、帮助企业进行过程管理、量化业务结果等。

1. 拉齐企业内部对目标的理解

业务指标体系首先是对企业战略和现阶段目标的量化描述，而核心关键指标的提炼则是以量化的方式把企业**现阶段最重要的业务目标**描述出来。通过关键指标对企业的资源和执行进行约束，可以确保企业始终与目标挂钩。这也是为什么在企业初期阶段，会强调第一关键指标，就是告诉企业里的参与者，现阶段优先级高于一切，需要大家集中全部的注意力去解决的任务是什么。

美国社交网络有一个比较著名的案例，即 MySpace 和 Facebook 的交战史。交战之初，MySpace 用户数量庞大、资金背景雄厚、运营时间也更长，具备更强的竞争优势。但最终 MySpace 被 Facebook 彻底打败，淡出历史舞台，而 Facebook 成长为前所未有的社交网络巨头。虽然一件事情的成败不是由简单的一件或者两件事情来左右，但在解释这两个企业的兴衰荣辱时，大家经常会提及的是同期两个企业各自跟踪的关键指标。

- MySpace 的关键指标为"注册用户数"，更注重账面规模。
- 同期 Facebook 则跟踪"月活跃用户数"，即每月真实的活跃用户数量，作为产品策略迭代的优化目标。

关键指标需要对应商业模式的核心竞争点，关注的指标出错则很可能造成企业内部大部分资源错误配置，从而导致在竞争中失利。先用社交网络的商业模式来观察，社交网络最核心的特征之一是网络效应，即一个人的朋友在哪里，那么他也会去那里。为了形成这种网络效应，仅仅注册肯定是不够的，公司要想办法让他的朋友们上线，才能对他产生有效的影响。再用广告变现的商业模式来观察，广告变现看的是曝光频次、在线时长，如果用户多但不上线，或者上线时间非常短，那么这个平台就不是理想的投放场域。最要命的还有另外一点：注册量容易作弊，而且企业未必能及时发现。2022 年夏天，马斯克要收购 Twitter，中间反悔对薄公堂，就是因为马斯克认为 Twitter 有比其披露的更多的虚假账户。

企业的目标是什么？企业注意力集中在哪里？指标体系首先要做的事情，就是帮企业把这些问题的答案打印出来，分发到企业的各个决策环节。

2. 量化企业内部各部门的贡献与职责

指标体系可以帮助企业分清各团队的责任与边界，防止责任互相交叉，减少出现各责任部门之间相互推诿扯皮的现象。

有一些指标对应的业务边界相对清晰，责任方单一；但有一些指标是多条业务线综合影响的结果，很难把责任或权限归结到一方或任意几方。在线教育业务场景中，转化率、转介绍率、退费率等指标就展现出这样的特征。一般退费率下降了，则用户运营团队、班主任运营团队、销售团队都要邀功；而当退费率上升时，也免不了用户运营团队、班主任运营团队、销售团队相互推责。指标谁背？背多少？

下面以课程**退费**为例讲解 BI 是如何通过指标细化来细化边界的（如图 4-3 所示）。退费是指学员在购买完课时后，在课时消耗完之前决定停止使用服务，要求退还余额的行为。退费一般分为全额退费期（如购买后 30 天内）和非全额退费期（如购买后 30 天以后）。通过分析发现，全额退费期内的退费，与销售过度承诺和用户质量本身高度相关，而 30 天后的退费原因则更多体现在对于课程、老师、班主任服务的不满。于是全额退费的主要责任由销售团队承担；而30 天之后退费的主要责任，则由班主任团队和用户运营团队分担。关于课程质量、老师授课质量等具体的反馈，则由用户运营团队与产品、研发团队与老师、课程团队合作项目制解决的方式跟进。

| 购买后 30 天内退费
原因：销售过度承诺
　　　或用户质量不高
承担者：销售团队 | **VS** | 购买后 30 天以上退费
原因：对课程、老师等
　　　不满
承担者：班主任或运营团队 |

图 4-3　不同退费情况的不同处理

当然，为简单起见，上面的描述简化了很多细节，实际情况要比这个复杂一些。但通过退费率的例子可以发现设计合理的指标体系引导和疏通各个业务线的资源和注意力的重要性，使各职能聚焦在各自能发挥最大作用的业务模块，而不是一股脑儿地到容易有功绩的地方去扎堆。

3. 帮助企业进行过程管理

通过对业务过程的量化把控，实现对过程的监测与管理，在过程中识别子模块的风险与机会点，降低实现目标的不确定性。

为了提高业务目标的达成率并降低不确定性，许多企业采用了过程管理作为常见的运营策略。在我曾经负责的电商、在线教育和外卖业务中，过程管理对业务的协助至关重要。特别是在国际化业务场景下，我们更深刻地意识到了过程管理的重要性。

国际化业务拥有其独特的优势，展现出我国互联网技术和商业模式已经达到世界领先水平，并支持我们具有向海外输出的实力。但国际化业务也面临着独特的挑战，比如当地同行的竞争、对当地用户偏好的了解不足、经营代理人风险、团队运营基因的差异以及文化的差异等。如果我们只在一个城市或一个小国家进行扩张，那么我们可以指派一些可靠的管理者来负责运营。但是在全球范围内进行国际化扩张，则需要依靠确定性机制来确保总部提供的人力和资源按照总部和国家运营团队之间达成的目标协议来使用。

在外卖国际化业务场景下，我们通常认为需要通过规模扩张来达到经济效益。总部和国家运营团队之间的约定通常是总部给出预算，对应一定的单量规模，并约束盈利或亏损的阈值范围。总部的 BI 团队会以周、月的频度持续监测获取单量的单位成本，当前线业务团队不节制地给用户补贴以换来一时的规模时，通过分析单量、补贴水平、留存率等关键指标，可以发现补贴效率降低、单量的边际成本提高等异常现象，及时汇报并探讨解决方案。

如上，通过建立健全的指标体系，及时提取关键信息，可以有效提高机制对不同国家、不同运营基因和不同文化背景的约束力。这有助于确保业务过程不偏离通向目标的主要路径，并有助于建立一个完整的业务基础。

4. 量化业务结果

指标体系可以帮助量化管理业务结果，从而可以提高运营策略、产品功能迭代的速度，提高整体产品与服务质量。

小到一个产品功能，一个业务策略上线结果是否符合预期；大到一个业务模式是否成立并有可观的增长空间，都可以依赖精心设计的指标体系来衡量。

外卖领域有一场经典"战役"发生在美国外卖公司 DoorDash 和 UberEats 之间（如图 4-4 所示）。新冠疫情暴发之前，UberEats 处于明显上风并计划收购 DoorDash，但新冠疫情期间，DoorDash 的创始人看到了疫情带来的外卖红利，拒绝了收购提议并积极寻找新的竞争模式来扩大市场份额，并最终反超 UberEats 成为全美最大的外卖平台。其中有一项措施非常值得关注，就是 DoorDash 获取商家的模式。

图 4-4　DoorDash 与 UberEats 的 Logo

一般外卖公司是通过销售团队与商家签约后让商家线上开店的方式获取商家。而 DoorDash 是先把商家的店铺和菜品信息收录到自己的平台供用户选择，用户下单后派骑手去商店购买后配送给用户来履行订单。这样用户可以在更多的商家中选择提高用户的下单率，而更多的订单便可以帮助销售团队说服更多的线下商家线上开店。这个策略帮助 DoorDash 在短期内迅速积累大量商家，帮助其在与 UberEats 的竞争中处于有利位置。

该模式是否可以复制？我们可以通过提炼该策略的核心指标来给出决策建议。

- 能不能带来商家——周获取商家数量、周获取商家中投诉商家数量。
- 是否可以期待最终盈利——毛利、净利水平，用户、商家、骑手补贴，配送定价。
- 用户体验是否符合预期——订单配送总体时长、菜单物品 / 价格信息准确率。

在此基础上，分析团队会结合宏观环境，如新冠疫情发展动态等信息，便可以帮助企业判断该模式是否成立。如果判断有机会就增加资源投入；如果判断该模式不可行则及时止损。这样便通过拆解并量化业务策略的关键指标提高了企业资源配置的效率，使企业在竞争中处于有利的位置。

一个企业信息化程度高，直接地表现在把握信息、提炼知识、支持决策的效率，而指标体系是这一切的基础。有效的指标体系会帮助企业始终了解业务现状，高效决策，从而提高数据驱动的业务增长和更长期的价值创造。

4.1.3　指标体系的衡量标准（以外卖场景为例）

好的指标体系有哪些特征，在具体的业务场景中又是如何展现的？

（1）好的、值得信赖的指标体系通常具备**客观**、**及时**、**简单**、**可操作**等四个特征。

- **客观**：能够稳定、有效地描述业务事件。统计学上通常用信度与效度来表达测量的科学性。其中，**信度**是指测量工具的一致性，即对同一概念进行多次测量，拿到结果是否稳定。比如，IQ 测验的不同版本测量IQ，周一、周三、周五得出的数值分别是 110、113、115，我们可以说这一测试有信度，而相反如果得到的数值分别是 80、90、120，我们就不能采用这一结果作为度量。而**效度**是观察是否测量了本应该测量的内容。引用保罗·考兹比教授用来搞笑的例子，用鞋码来测量智商，每周一、周三、周五得出的数据是稳定的，但这个结果对决策、学业等的解释力一定非常混乱，与 IQ 信息加工效率的指标无关，也不具备参考意义。指标也是对业务的量化的测量，基于信度与效度的客观描述是指标有效应的基本要求。

- **及时**：业务的变化传导到监测的指标的变化是及时的。首先，业务变化可以及时被系统观察到，且这个"观察"可以被快速统计出来。假设运营部门设计了一个 App 端上的促销活动，活动周期大概一周，市场投放策略是按天复盘调整。这时 BI 部门就需要指标体系支撑至少日级别的，各渠道的出价，对应的用户触达、点击、转化等监测指标，来支持运营决策，相反，如果这个数据一周之后才能被统计出来，对业务来说就无法作为过程中的策略调整的数据依据。

- **简单**：测量的数据与被测量的业务事件的关系是直接的，指标理解起来是简单的。以在线教育中辅导老师部分的指标为例，基于学员的转介绍率和续费率的指标，相对于纳入了回答问题时长、回答问题的文字长度、测评辅导、学员评价、家长评价等多个指标，还要基于业务规则计算出的"服务分"，不管是在描述业务环节上，还是数据与业务执行上都会更直接，更容易理解。由此引出节省的原则，即当两个理论具有同样的解释能力的时候，较为简单的理论（涉及更少的概念和概念性关系的理论）胜出，而原因也比较简单——有较少概念性关联的理论在将来的检验中会更具可证伪性。

- **可操作**：指标结果可以指导业务动作，回答由业务提出的"我应该做些什么来带来变化"的问题。如转化率下降，则可以从渠道效率、路径漏斗，再从各个销售或运营部门定位问题，并对症下药。但相对而言，NPS（用户净推荐值）、评价好评率、用户体验水平等指标呈现更综合和相对主观的判断，较难迅速定位到某一个关键环节，并输出解决方案。因而可操作性强的转化率作为业务执行类指标需密切关注，而可操作性较弱的用户体验类指标则作为观察类指标定期观察。

（2）接下来探讨**好的指标体系**在实际业务线中的表现，以外卖场景为例。

外卖业务是由用户端、商家端、骑手端组成的多边市场，其中用户端通过流量、补贴来进行调控；商家端通过销售部门来获取，商家提供外卖服务；骑手端则通过送餐完成履约。好的产品和优质的服务才是核心竞争力，在外卖业务逻辑中核心体现在我们呈现给用户的外卖选项上。什么样的外卖选项是好的外卖选项呢？是数量越多越好，价格越便宜越好，还是组合越丰富越好？销售部门获取商家的成本居高不下，如何更有效率地配置销售资源和利用好商家资源，是亟待解决的问题。

第一步，提炼"好商家"的操作性定义——当其他条件保持不变，促成用户转化的外卖选项是好的选项。

第二步，量化描述外卖选项到具体的指标集——按用户可感知的价值呈现，以"多、快、好、省"来描述服务与产品的价值传递，拆解到具体的指标项中。

- 多：商家数量、可召回店铺数量要多。
- 快：出餐时长要短。
- 好：著名品牌商家的占比高；餐品质量好。
- 省：商家菜品价格合理，促销频次高、力度大。

这样，就从一个笼统的"好选项"相关的问题，拆解为有标准、有结构的，可监测的，具体的指标集合。

其中，有一个我们曾经讨论过但最终弃用的指标就是可召回店铺的合格率。它描述的是一个用户考虑下单时在可配送的半径范围内平台可以召回的商家数量是否符合促成其转化的数量。听起来是很有道理的，但这并不是一个好的指标。为什么呢？因为用户下单决策受诸多因素干扰，对于店铺数量的要求随着平台的补贴力度、市面上其他外卖产品的服务水平的不同而有较明显的差异，不同城市、不同区域间也会有较明显的差异。这也很好理解，一个是不同城市间经济发展水平不同，区域间餐厅分布密度也不同，补贴力度高则用户下单壁垒低，差一点的餐厅选项也会有用户下单，但竞争对手的解决方案更好，则我们需要更多、更好、更快、更省的餐厅来与其竞争。因此，这样的指标就缺乏信度，无法稳定有效地描述客观业务现状，并不适合做直接的业务指导指标。

可见，有效的指标应具备可操作定义，可以客观、及时、简单地描述业务现状，指导业务的执行性。

对应地，有效的指标体系可以理解为由客观、及时、简单，并具有可操作性的指标项组成的，相互独立又完全穷尽的业务测量体系。

(4.2) 指标体系的设计模型

如何勾勒出好的、可信赖的指标体系呢？

通常的做法是先了解企业目标、业务流程、产品路径，再结合行业内标杆企业的指标体系来输出符合企业现阶段发展阶段、战略目标的指标体系。

行业内广泛运用的设计方法主要有第一关键指标法、OSM（目标、业务、测量）模型、用户增长模型、产品路径模型等四种方法。其实主要还是借鉴了硅谷的最佳实践和"老一代"互联网从业者基本人手一本的《精益数据分析》和《增长黑客》。考虑到这四种方法经过实践检验的通用性，也考虑到也有新进入互联网的 BI 同学、BI 负责人以及计划数字化革新的传统领域的从业者，这里还是不惜纸墨，交代四种设计方法。

4.2.1 第一关键指标法（以电商和在线教育为例）

第一关键指标（One Metric that Matters，OMTM）法主要源自《精益数据分析》，作者阿里斯泰尔·克罗尔和本杰明·尤科维奇提到创业需要在正确的时间、以正确的心态、专注做正确的事情，而这个事实在数据分析里面的体现就是挑选一个唯一的指标，该指标对你当前所处的创业阶段非常重要，这就是第一关键指标法。这并不意味着整个企业自始至终只有一个目标指标，而是在倡导企业在一段发展时期内，应该只有一个最关键的指标作为目标，企业的其他资源应该围绕这个关键目标来做配置，而该第一关键指标的选择主要需要考虑企业的发展阶段和企业所属的商业模式（如图4-5所示）。

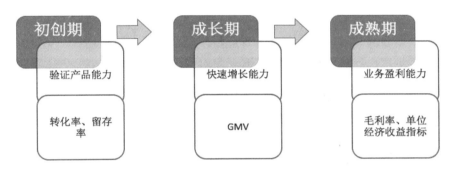

图4-5　不同阶段需关注的不同关键指标，以电商为例

（1）在初创期，一家公司需要将主要精力放在打磨和验证产品能力上，以确保产品能够满足市场需求并具有竞争力。为了达到这个目标，公司通常会提供 MVP 版本的功能，以快速测试市场反应。

在这个阶段，不同类型的公司需要关注的指标也各有不同，例如：

- 对于电商公司，它的价值主张是帮助人们购买到需要的商品，则企业就会主要关注转化率和留存率，来判断它是否有效实现了这一价值主张，进而识别其产品的市场竞争力。

- 对于在线教育公司，它的价值主张是优秀教育资源与学员的对接，那么口碑传播系数和转介绍相关的指标是更关键的，因为这些指标反映了用户满意度和品牌认可度，而这些因素对于在线教育公司的长期成功至关重要。

（2）进入成长期，公司需要将重点放在快速占领市场上，以实现规模增长。经过初步的产品验证，公司可以在已有的基础上继续开发和改进产品，同时也需要投入更多的资源来扩大市场份额。

在这个阶段，普遍需要关注的是规模相关的指标，因为这些指标能够帮助公司衡量自己在市场上的影响力和市场份额，从而更好地规划业务发展战略。

- 对于电商公司来说，GMV（Gross Merchandise Volume，总交易额）是这个阶段最核心的指标。GMV 反映了公司在一段时间内所实现的总销售额，包括所有的成交订单金额。随着公司规模的扩大和销售渠道的增多，GMV 也会逐步增长，从而帮助公司占据更大的市场份额。

- 对于在线教育公司来说，这个阶段最关键的指标是学生数量。学生数量反映了公司的市场占有率和受欢迎程度，同时也可以帮助公司了解用户需求和满意度。随着公司规模的扩大和产品的不断优化，学生数量也会逐步增加，从而帮助公司占据更大的市场份额。

（3）进入成熟期，公司已经在市场上占有一定的份额，同时也开始面临更为严峻的竞争压力。此时，资本方开始更加关注公司的盈利能力，而非仅仅关注市场占有率和规模增长。因此，在这个阶段，公司需要更加注重财务指标的监测和掌握，以确保能够实现长期的盈利和持续的业务发展。

在这个阶段，从**用户角度拆解**，关注的指标包括用户生命价值（Life Time Value，LTV）和获客成本（Customer Acquisition Cost，CAC）。

- LTV 指标反映了一个用户在其整个购买历程中所带来的价值，即其在公司购买产品或服务的整个生命周期中，所产生的收益减去成本。

- CAC 指标则是指公司获取一个新客户所需要花费的成本。

这两个指标的关注程度在成熟期显得尤为重要，因为它们直接影响到公司的收益和利润水平。

从**产品角度拆解**，毛利水平、净利水平、客单价和单位经济收益等指标也是资本方在成熟期开始更加关注的财务指标。

- 毛利水平指的是公司在销售产品或服务时所获得的毛利润水平。

- 净利水平指的是公司在扣除所有费用和税收之后的净利润水平。

- 客单价指的是公司每个订单的平均价值。

- 单位经济收益指的是每个销售额的单位成本。

进入成熟期后，公司需要更加关注财务指标的监测和掌握，以确保能够实现长期的盈利和持续的业务发展。

在 4.1 节探讨指标体系的作用时，讲过 Facebook 和 MySpace 跟踪的第一关键指标不同，带来了迥然不同的业务轨迹。通过这一案例，我们已经领略了第一关键指标的重要性。在《精益数据分析》一书中，两位作者对为什么需要第一关键指标也有比较明确的描述。

第一，它回答了现阶段什么是最重要的问题。任何时候，公司可能都在尝试解决 100 个问题，并兼顾其他 100 万个问题。这导致精力和资源高度分散，企业要尽快确定业务中风险和机会最大的环节，就是找到最重要、最核心的问题，并将所有注意力集中过去。明确了这个问题后，也就知道跟踪哪个指标了。

第二，它促使你得出初始基线，并建立清晰的目标。在找到想要集中精力解决的关键问题后，企业要为之设定目标，并定义何为成功。

第三，它关注的是整个公司层面的健康。"数据呕吐"是描述想一次汇报所有事情的情况，这显然是无益于任何人的信息增益的。说得太多，没有重点，就真的不如不说。而第一关键指标可以将重点突出地显示在业务数据看板、日报、周报、月报诊断和日常邮件中，始终保持简洁又重点突出的沟通。

第四，它鼓励一种实验文化。有明确的优化目标，意味着有明确的衡量好坏或有效 / 无效的标准。这就为快速、高频率、科学地展开开发—测量—认知循环的测试与实验创建了健康的环境。而那些精心设计的、系统性的测试所验证的失败，正是团队不断提升认知、提高下一步成功概率的学习的过程。

在很多创业项目孵化器中，投资人和导师判断创业团队的重要依据之一便是，团队能否足够清晰地理解并跟踪自己的第一关键指标。

4.2.2 OSM模型（以在线教育为例）

OSM（Objective, Strategy, Measurement）模型是指将企业业务目标拆解为各业务部门的执行策略，而后进行量化管理，通过更有效地组织公司范围内各职能部门和业务线的有序协作，来保证企业最终实现其目标的模型，如图 4-6 所示。

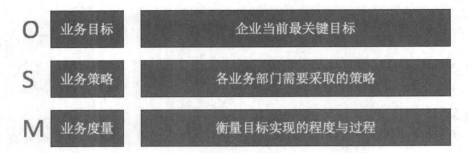

图 4-6　OSM 模型的拆解

- O：业务目标（Objective），代表企业当前最关键目标，反映企业战略。
- S：业务策略（Strategy），为了使企业达到业务目标，企业各业务部门对于职能需要采取的策略。
- M：业务度量（Measurement），用来衡量业务策略的有效性，衡量目标实现的程度与过程。

相对于第一关键指标法，关注业务目标、业务策略、业务度量则更适用于**相对成熟的业务模式**，帮助各个业务模块明确各自的职责范围，展开有序的协作，并有对应的量化度量作为管理和评价的依据。

下面以增长期的在线教育企业为例，展开了解一下 OSM 模型。

第一步，确定业务目标。考虑到企业已经完成 MVP 验证，进入增长期，并结合其教师与学生双边市场的商业模式，确定年内的关键指标为**订单量**，如图 4-7 所示，强调规模。

图 4-7　业务目标拆解

第二步，拆解业务目标，对应业务策略，如图 4-8 所示。

具体获取新用户签约订单量与老用户续费订单量的业务流程如下。

- 新用户签约订单量：市场部在渠道投放广告或用户转介绍提供线索→销售部基于线索电话、微信跟进，约试听课→教学部排班，安排老师上课→销售部跟进签单→促成转化，收获新学员。

- 老用户续费订单量：新学员→教学排课，上课→班主任服务学情和行政→满意学员续费。

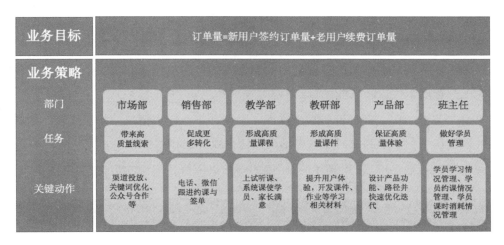

图4-8　业务策略拆解

将以上业务流程对应到各个业务模块与对应的业务策略如下。

（1）市场部。

- 任务：以更少的钱，带来更多高质量的线索。
- 关键动作：谷歌、Facebook 等渠道投放，百度搜索关键词优化、公众号自媒体合作。

（2）销售部。

- 任务：以更少的成本，促成更多的转化。
- 关键动作：及时打电话或者微信跟进。

（3）教学部。

- 任务：高质量完成课时，促成试听课转化、系统课续费。
- 关键动作：上课，使学员与家长满意。

（4）教研部。

- 任务：提供符合学员认知要求的课件，提升用户体验，开发课件、作业等学习相关材料。
- 关键动作：设计上课课件、测试试卷、考试题目。

（5）产品部。

- 任务：提升用户体验。

- 关键动作：设计产品功能、路径并快速优化迭代。

（6）班主任。

- 任务：解决学员上课过程中的异常问题，包括业务和学业，提高学员满意度，促成转化和续费。

- 关键动作：平时管理学员测评、上课、作业完成情况，解决学员、家长在平台上遇到的问题，电话、微信促成转化和续费。

第三步，业务度量，用具体的、明确的指标来衡量各部门的策略（参考图4-9）。

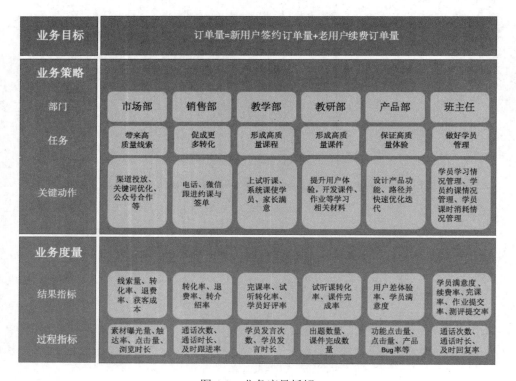

图 4-9　业务度量拆解

（1）市场部。

- 结果指标：分渠道的线索量、转化率、退费率（14天内）以及营销费用。

- 过程指标：素材曝光量、触达率、点击量、浏览时长等。

（2）销售部。

- 结果指标：分部门、分渠道的转化率、退费率、转介绍率（新用户）。

- 过程指标：日均通话次数、日均通话时长、试听课当日跟进率。

（3）教学部。

- 结果指标：分部门、分级别的完课率、试听课转化率、好评率。

- 过程指标：学员发言次数、学员发言时长。

（4）教研部。

- 结果指标：试听课转化率、课件完成率。

- 过程指标：出题数量、课件完成数量。

（5）产品部。

- 结果指标：好评率、用户差体验次数。

- 过程指标：功能点击量、点击量、产品 Bug 率等。

（6）班主任。

- 结果指标：学员满意度、续费率、转化率、完课率、作业提交率、测评
  提交率。

- 过程指标：日均通话次数、日均通话时长、回复响应时间等。

4.2.3　AARRR 海盗指标法（以在线教育为例）

　　海盗指标由风险投资人戴夫·麦克卢尔创造，他把 ToC 的创业公司最需
要关注的用户指标归结为五个方面：Acquisition（获客）、Activation（激活）、
Retention（留存）、Revenue（营收）、Referral（传播），简称 AARRR。
他认为，为了使企业最终可以获利，企业需要用户经历以上五个环节，价值
不仅直接产生于用户购买，还来自传播和留存等环节带来的营收。AARRR
是目前国内外用户增长团队最常用的指标体系，如图 4-10 所示，体系对应的
各阶段介绍如下。

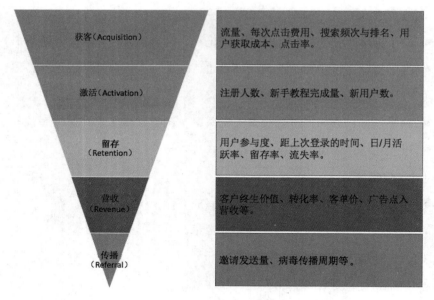

图 4-10　AARRR 用户增长指标体系

（1）用户获取阶段。通过各种手段获得关注，可以是付费模式也可以是免费模式，依业务模式而异。对应的相关指标主要有流量、每次点击费用、搜索频次与排名、用户获取成本、点击率。

（2）用户激活阶段。将获取的"过渡式"访客转化为产品的真正参与者。对应的相关指标为注册人数、新手教程完成量、新用户数。

（3）用户留存阶段。获得用户的认可，用户反复使用，并表现出一定的黏性。对应的相关指标为用户参与度、距上次登录的时间、日 / 月活跃率、留存率、流失率。

（4）获取营收阶段。业务可以从用户行为中挣到钱，如购买、广告点击、续费等支付行为。相应的指标为客户终生价值、转化率、客单价、广告点入营收等。

（5）用户传播环节。已有用户对潜在用户的口碑、病毒式传播。相对应的指标为邀请发送量、病毒传播周期等。

下面以在线教育为例，直观感受一下在追求用户侧规模快速增长的业务场景下，海盗指标法的具体展现形式是怎样的，如图 4-11 所示。

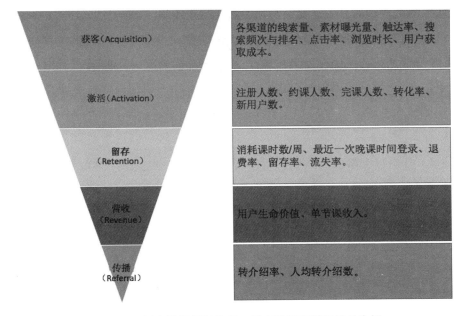

图4-11 用户增长指标体系，以在线教育增长场景为例

（1）**用户获取阶段**：各渠道的线索量、素材曝光量、触达率、搜索频次与排名、点击率、浏览时长、用户获取成本。

（2）**用户激活阶段**：注册人数、约课人数、完课人数、转化率、新用户数。

（3）**用户留存阶段**：消耗课时数/周、最近一次晚课时间登录、退费率、留存率、流失率。

（4）**获取营收阶段**：用户生命价值、单节课收入。

（5）**用户传播阶段**：转介绍率、人均转介绍数。

5.3节会有更详细的分析。

4.2.4 用户旅程地图模型（以电商为例）

UJM（User-Journey-Map，用户旅程地图）模型可以帮助分析师和产品团队更好地了解用户的行为、需求和体验，从而提高产品的用户体验和转化率，如图4-12所示，因图中空间有限，表述有所简化。

（1）**定义用户群体**：首先需要明确用户群体的定义，包括用户的特征、行为、需求等。这些信息可以通过市场调研、用户反馈、数据分析等方式获取。

（2）**确定关键阶段：**根据用户行为和数据分析结果，确定用户在使用产品或服务过程中的关键阶段，比如搜索、注册、购买等。

（3）**描述每个阶段的用户体验和需求：**对于每个关键阶段，需要详细描述用户的体验和需求，包括用户所面临的问题、期望得到的解决方案、用户情感和反应等。

（4）**分析每个阶段的数据和指标：**根据用户旅程地图，对每个阶段的数据和指标进行分析和评估，了解用户在每个阶段的转化率、流失率等关键指标，从而确定产品或服务存在的问题和优化空间。

（5）**提出改进方案：**根据分析结果，提出改进方案，优化产品或服务的用户体验和转化率，比如优化页面设计、改善交互流程、提供更好的用户支持等。

图4-12　用户旅程地图分析流程

区别于其他分析模型的点是该模型将重点放在用户行为中。通过拆分用户使用产品的阶段性行为，从中挖掘用户的需求，从而在每个阶段确定能够提升的指标。产品团队在优化产品使用路径时经常使用这一指标模型——从接触、考虑、购买、留存、推荐等阶段，如图4-13所示，基于用户与产品的接触点，通过分析各环节痛点与可干预变量，改善用户体验，提高转化率。内容运营、活动运营和产品运营做内容、活动、产品策略与功能迭代时也经常使用此方法。

图4-13　常见的用户路径

以电商为例来应用一下这个模型。在电商场景中，用户的主要行为可以分为搜索、浏览、参加活动，我们打开搜索场景对应用户旅程地图便可以获得以下产品点测点：搜索量、搜索关键词；搜索次数、浏览深度；可召回商品数量、商品详情页、加入购物车率、支付完成率、评价按钮点击率、好评率、推荐值，如图4-14所示。

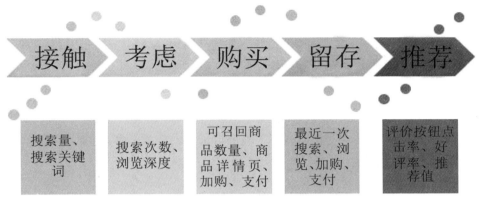

图4-14　用户路径对应到指标，以搜索场景为例

分析切入点会随着具体情境和业务重点而不同。但我们可以简单举几个常见的分析点。首先需要确认研究的用户群体特征，如服饰类的用户和数码类的用户在搜索行为上就会显示出较大的差异，建立对用户行为的预期时应区分对待。若搜索推荐的结果和数量无法满足用户需求，则需要通过补充商品或优化算法的方式尽快提升。通常也会假设页面左上角的流量与点击最密集，向右、向下递减，但如果页面最上面或者最左边的活动页、商品页流量与点击数量低于页面平均值，则有必要探讨是否应该更换活动、商品，来提高整体页面的流量使用效率。再比如，支付等环节有明显的转化低洼点，则必须及时打开定位问题环节，避免产品Bug破坏用户支付确定性体验。

可见通过用户旅程地图模型，分析师和产品团队可以更全面、深入地了解用户的需求和体验，从而制订更有针对性的产品改进计划，提高用户满意度和业务转化率。

4.3 指标体系的开发流程

要使关键指标体系投入使用，还需要与实际业务前线的运营同学、各部门业务负责人以及企业的 CEO、COO 达成共识，才能真正用于检测、指导业务。指标体系通常的开发流程为：

（1）与业务部门进一步确认业务实操动作与指标口径，确保指标反映业务动作，对业务做到有信度、效度的监测。

（2）与数仓与研发部门确认数据可获取性，即使指标口径设计再完美，如果无法计算则也必须找替代方案。

（3）与业务负责人进一步沟通，充分讨论、完善并形成完整的方案。

（4）提交到管理层确认。

到这里指标项和具体的业务口径、逻辑口径得以确认。稳定后形成需求文档提交到数仓部门开发。需求文档尽可能包含业务指标口径、逻辑指标口径、对应的 SQL 开发逻辑。

数仓团队会评估，再按排期开发，开发过程中以及开发结束后，需要数仓工程师与 BI 分析师一起验数，再引入业务方从业务方视角验数，数据质量通过后，便可以入库支持分析师团队和业务团队使用了。

4.4 指标体系的使用场景（以外卖业务为例）

通过 4.1 ~ 4.3 节，我们已经梳理好了指标体系。那企业中指标体系是如何被使用的呢？接下来我们具体了解一下指标体系最常见的四个使用场景。

4.4.1 日维度业务监控

实现基于指标体系的日维度业务监控与管理。通常通过结合日报与看板，赋能业务部门做日维度的监测，单线同步对应运营部门。每日业务监控信息包含但不限于**业务看板、邮件日报、BI 部门对于邮件日报的信息同步**。

日维度的信息解读的策略是以赋能运营部门、产品部门自主解读、通过关键核心指标为主。考虑到各业务部门信息解读能力参差不齐,系统地解读日常业务数据,通过日环比、平均值、周同比的对比,可以帮助业务部门判断日常运营是否有异常,业务结果是否符合团队预期。通过异常数据解读,可以及时发现业务异常和数据异常问题,提高对业务和数据的反应能力。

以外卖为例,日报信息解读通常包含:

- 是否有业务异常现象。
- 总体订单量、净利和毛利水平。
- 分城市或区域的订单量、净利和毛利等核心指标同环比数据,以及简单的业务判断,如正常、下降、上升等。

若业务指标有明显异常,首先,排查数据;其次,与业务部门、产品部门确认是否有策略、功能迭代;最后,判断是否为业务异常,按需梳理解决方案。

举个例子,活动配置错误、补贴发放错误等操作异常,均可以在日维度数据中监测到。如图 4-15 所示,2021 年 9 月 15 日,在访问用户数与活跃用户数平稳甚至略低的情况下,转化率与订单量有较大增幅,且伴随着毛利润大幅下降,怀疑为非正常运营导致的订单抖动。BI 分析师首先会排查数据准确性,接下来与对应的产品、运营、业务策略人员一起识别是否符合业务策略预期,是否有大规模的老用户回馈活动等足以解释数据抖动。如果依然得不到解释,则需要进一步排查是否为活动配置、补贴发放等运营策略事故,如果是,需要马上联系运营与产品部门,采取业务措施来拦截。

日期	订单量	转化率	毛利润	访问用户数	活跃用户数	活跃店铺数	活跃骑手数
2021/9/15	3243547	23.91%	-6.07%	13568123	1987436	416790	296801
2021/9/14	2596332	15.11%	-1.04%	17181412	2275165	460667	325742
2021/9/13	2352589	17.63%	-1.07%	13347094	2076480	442210	299958
2021/9/12	3292378	19.74%	-0.37%	16676393	2915401	481445	332687
2021/9/11	3131102	18.82%	-1.17%	16634909	2893900	515742	330987
2021/9/10	2814259	20.90%	-1.20%	13466984	2784022	496791	381622
2021/9/9	2500176	17.87%	-1.24%	13988002	2334872	467239	358920

图 4-15　日维度数据(非运营结果数据,仅供样例参考)

除分析直接的业务结果外,通过日维度业务监测的交流,可以引导业务从数据提取信息的思路，也可以帮助分析师更了解业务日维度的运营状态，团队从能力和信息上获益，企业从数据和业务的进一步结合上获益。

4.4.2　周维度业务诊断

实现基于指标体系的周维度业务诊断与管理。结合外部事件与运营策略，输出业务视角的诊断和业务运营打法提炼，结合前线重点产品提效功能点的提升，以部门周会业务诊断的方式输出，与战略、用户等其他分析职能团队同步信息。周维度的业务诊断信息包含但不限于外部环境、运营策略、目标完成情况、核心指标模块指标集、下钻到业务单元的情况（如城市/区域的业务情况、横向扩展到前后业务流程的情况、纵向扩展到附属业务流程的情况）。

周报信息解读：

（1）一句话概括业务现状。

（2）交代天气、节假日、竞争对手策略等宏观因素影响。

（3）业务达标情况，识别达标风险和依赖项。

（4）各业务模块表现情况，通过同比、环比、近六周趋势做系统化诊断。

（5）强调业务面临的顽疾或系统性风险。

（6）遇到需要重点强调的业务问题，输出简短的转向分析，快速交代业务全貌，定位问题。

（7）形式上，尽量只用一页PPT，20分钟内讲清楚。

还是以外卖为例，周报信息一般包括：

（1）一句话概括业务规模、商家规模、履约水平等关键运营表现情况。

（2）交代对业务产生影响的节假日、极端天气、竞争对手的营销、补贴情况、竞争对手的商家获取策略情况。

（3）围绕订单、毛利、净利监测目标达成情况，结合运营可用预算和开城/区域节奏判断达标是否有风险。

（4）流量视角拆解订单、用户视角拆解订单描述规模增长情况、商家数量、可召回店铺数量、在线时长监测商家规模情况，骑手数量和履约成功率监测配送履约体验。

（5）对业务顽疾有稳定、准确的把握，如增长主要由补贴新客带来，补贴高的用户留存持续偏低，需要更可持续的增长方案。

如图 4-16 所示是一个周维度数据示例，具体指标与格式依业务不同、团队审美不同而不同，我们暂且不管形式，只关注内容。

指标项		第四周	第五周	第六周	第七周	周环比	趋势图
增长	日均订单	302800	307620	284680	325020	14.17%	
	毛利率	-2.10%	-2.20%	-4.50%	-6.20%	-1.7pp	
	访问量	4153210	4221798	3999809	3985432	-0.36%	
	转化率	7.29%	7.29%	7.12%	8.16%	1.04pp	
	新客订单	451890	414202	360092	459220	27.53%	
	周留存率	14.30%	13.90%	16%	15%	-1pp	
供给	商家数量	1022600	1024242	1033228	1044032	1.05%	
	商家在线率	41.00%	38%	38%	34%	-4pp	
	动销率	70%	72%	66%	70%	4pp	
	健康商家率	30%	30.80%	30.70%	32.50%	1.8pp	
体验	订单履约率	72%	73%	73.40%	72%	-1.4pp	
	非完美履约率	7%	6.50%	5.70%	4.90%	-0.8pp	
	用户投诉率	4.40%	4.50%	4.60%	5%	0.4pp	
	用户进线率	6%	6.60%	6.70%	7%	0.3pp	
折扣	折扣率	32%	33%	35%	40%	5pp	
	商家负担折扣率	15%	17%	17%	15.00%	-2pp	

图 4-16 周维度数据（非运营结果数据，仅供样例参考）

图 4-16 中的报告内容可以分为：

- 整体洞察：订单量增长符合业务预期；商家在线率、折扣率恶化，需关注商家运营策略；新开城体验承压需重点关注履约效率。
- 细节：

  ➤ 增长：日均订单 32.5 万笔，环比上涨 14.17%，结合外部天气变化（受寒潮降雪影响），以及运营现状（新开两城），判断业务增长符合预期。

  ➤ 供给：持续观察到核心商家在线率偏低，且还在下降，结合商家菜价比竞争对手高、出餐时间长等现象，需要关注竞对策略和商家留存率。

  ➤ 体验：体验全线承压，但拆解定位主要受新开城数据波动的影响，重点关注新开城体验水平。

  ➤ 折扣：整体折扣率承压较大，商家负担折扣率环比下降，拆解定位到核心商家折扣率下降，需关注核心商家运营策略。

通过周维度的业务指标解读，可以协助业务部识别业务风险和机会点，也可以中立的立场高度强调出表现超过预期或是明显有改进空间的业务模块，并组织分享经验与策略，有助于过程管理和展开有启发性的讨论。当然这种良性循环的基础是建立在与业务建立良好的信任关系和 BI 的业务洞察力与专业能力上。

4.4.3　月维度业务复盘

实现基于指标体系的月维度业务复盘，月维度业务复盘主要着眼于核心指标与目标达成情况。结合指标异动与市场调研诊断 PMF（产品市场适配度），及时识别系统性风险，判断资源配置最优情况，以运营月报、战略汇报等方式输出。

月维度业务复盘信息包含但不限于外部环境、运营策略、目标完成情况、关键指标体系、下钻到业务单元的情况（如城市 / 区域的业务情况、横向扩展到前后业务流程的情况、纵向扩展到附属业务流程的情况）、市场调研报告、竞争对手策略输入。

月维度业务信息解读：

（1）目标达成情况，目标完成是否有风险，目标是否有剧烈的调整（主要根据季节变化、竞争对手等因素影响）。

（2）资源配置情况，预算分配和潜在的机会，从历史增速和预算的投入规模判断，是否有提升空间。

（3）基于各业务模块的业务关键指标和从市场调研输出的竞争对手的差异，判断产品市场适配度。

（4）强调业务面临的顽疾或系统性风险。

以外卖为例，月维度业务复盘可以包含以下信息：

（1）对订单量和毛利、净利达标情况、目标是否基于季节、市场竞争等情况做出调整。

（2）主要关注补贴策略和新开城策略，若高补贴低转化的业务线持续拿到更多的补贴，需要被识别出来，并引导业务做产品市场适配度诊断。

（3）交代对业务产生影响的节假日、极端天气、竞争对手的营销、补贴情况、竞争对手的商家获取策略等带来的影响，从内部数据、流量与补贴的绩效、用户增长、商家规模、体验水平判断产品力是否下降，在结合外部数据如市场调研报告中用户对于"多、快、好、省"的体验打分，诊断产品适配度。

（4）充分反馈业务重要策略，判断其有效性。

（5）重点强调如拉新乏力、业务增长缓慢、业务规模见顶等系统性难题，引导启发性的讨论。

暂且排除因业务不同、团队审美不同而产生的形式上的差异，只关注内容，月维度业务信息样例如图 4-17 所示。

指标项		1月	2月	3月	4月	月环比	目标完成度	趋势图
增长	日均订单	7334899	10992878	10073389	10020100	-0.53%	102%	
	毛利率	2.00%	-2.40%	-4.50%	-7.00%	2.5pp	56%	
	访问量	40985000	64217980	65979809	69865432	5.89%	—	
	转化率	17.90%	17.12%	15.27%	14.34%	-0.93pp	—	
	新客订单	5251890	524202	550092	459220	-16.52%	—	
	月留存率	24.30%	23.90%	26%	26%	-1pp	—	
供给	商家数量	20022600	20024242	20033228	20044032	0.05%	75%	
	商家在线率	41.00%	38%	38%	34%	-4pp	—	
	动销率	70%	72%	66%	70%	4pp	—	
	健康商家率	30%	30.80%	30.70%	32.50%	1.8pp	—	
体验	订单履约率	72%	73%	73.40%	72%	-1.4pp	70%	
	非完美履约	7%	6.50%	5.70%	4.90%	-0.8pp	—	
	用户投诉率	4.40%	4.50%	4.60%	5%	0.4pp	—	
	用户进线率	6%	6.60%	6.70%	7%	0.3pp	—	
折扣	折扣率	32%	33%	35%	40%	5pp	—	
	商家负担折	15%	17%	17%	15%	-2pp	—	
用户感知	多	40%	42%	37%	36%	-1pp	—	
	快	35%	34%	32%	32%	0	—	
	好	40%	45%	46%	48%	2pp	—	
	省	50%	56%	57%	62%	5pp	—	

图 4-17 月维度业务信息数据（非运营结果数据，仅供样例参考）

从图 4-17 中的数据可以看出：

- 目标达成情况：订单目标达成，但毛利率严重失衡，重点关注补贴等资源配置优化空间；商家数量、体验水平依然呈现出较强的承压状态，需系统改善。

- 产品适配度：月留存率略有下降，需持续提高；用户对于"好""省"的感知调研结果明显高于对"多""快"的感知调研结果，且有较显著增长，符合价值感知策略。

- 运营诊断：转化率有较明显的下降，主要受新增渠道影响，运营正在持续调整渠道策略；商家在线率持续下降，商家运营策略急需改善；履约数据恶化，主要受新开城与国家影响，需系统审视新开城起手运营策略。

通常的机制是在管理经营会、战略会等进行业务线整体复盘时，以业务诊断作为开场，一般月会的汇报级别较高，相对于重点关注运营结果的周维度的诊断而言，月维度的诊断更侧重于因为整年的目标情况、外部环境影响、产品市场竞争力以及业务系统性难题而改进的情况等。输出过程需要与业务负责人、战略分析部、用户调研中心等多部门联动，输出完整视角的诊断结论。

⬡ 4.4.4 支持日常业务决策

除此之外，支持运营、产品日常决策也高度依赖指标提炼方法。

以增长运营为例。增长运营是指以用户为中心，遵循用户的需求设置运营活动与规则，指定运营战略与目标，严格控制实施过程与结果，以达到预期运行目标和任务。增长运营使用指标的日常场景主要从用户获取、激活、留存、盈利、转介绍等环节监测效率，对比各环节注册和没有注册、留存和没有留存的用户，识别可干预变量，提高整体漏斗转化效率，从而达成用户增长，具体细节在第 5 章增长专题中展开。

以产品运营为例。产品运营是以产品为运营对象，以推广和维护产品为目的，使产品被用户所接受，持续产生产品价值和商业价值。如各种 App 推广、小程序推广等。产品运营使用指标的日常场景主要依赖用户旅程地图模型和 A/B 分箱测试方法。通过用户旅程地图定位用户路径优化机会点，通过 A/B 分箱等实验设计来支持策略与功能迭代的决策，确定功能与通过拆分用户使用产品的阶段性行为，从中挖掘用户的需求，从而在每个阶段确定能够提升的指标。

我们还是围绕外卖的核心价值主张"多、快、好、省"。以"省"为例，"省"可以分为平台实际提供的性价比、用户可以感知的性价比。平台实际提供的性价比除了受实际平台折扣力度影响外，又会受折扣提供方式的影响；而用户对于"省"的感知又会受品类、品牌价格敏感度、竞争对手的餐品出价影响。关于"省"我们至少发现四个机会点：

（1）折扣力度：可以设计实验，分箱基于不同力度的折扣额度，而后计算在哪个区间的粒度范围内，可以最大化用户订单金额、最小化平台成本。

（2）折扣方式：同等让利力度，是通过会员权益、新客 / 老客补贴，还是减免配送费的方式实现？具体承载是通过优惠券、积分，还是直接满减？同理，通过进行用户分箱，匹配不同策略来识别和优化策略。

（3）用户感知：用户是否对不同品类有不同的价格敏感度？可以通过制定分品类 / 品牌价格策略来衡量品类、品牌的价格敏感度，并通过给予高敏感度品类品牌更高折扣力度来以更低的成本塑造"省"的用户感知。例如，给麦当劳等价格高度透明的品牌倾斜较大的折扣资源，使用户生成低价的感知。

（4）竞对策略：同理，用户是否会通过竞争对手的出价来进行比价？用户能容忍的价格差异是多少？会容忍几次价格差？可以通过设计多平台运营的商家出价方案来调整平台价格策略。理想情况下固然是始终保持比竞争对手低廉的价格，但若遇到资源有限、商家交涉又比较困难的情况，识别出用户对平台比价的容忍度，并基于容忍度来配置平台侧基于商家的折扣资源，从而达到以较低的成本获取"省"的感知。

以上策略，最终优化标签可以收敛到监测折扣率、访问量、转化率、订单量、订单金额等指标来，以全局最少的折扣力度来赢取符合战略预期的"省"的价值呈现。

指标体系，以此来支持以日、周、月维度的业务诊断，结合运营策略、产品迭代、指标变化来提高业务对目标的管理效率，以及识别业务系统性风险与机遇，促进健康、可持续的发展。

第 三 部 分

BI 创造价值专题

专题：增长

Facebook 何以从默默无闻到坐拥二十几亿用户？爱彼迎、优步何以在短短时间估值超过百亿美元？领英怎样跨步成为全球领先的职业社交平台？这些初创公司实现爆发式成长的共同奥秘就是增长黑客。

增长黑客是互联网最热门的商业方法论之一，强调通过快节奏的测试假设和功能迭代，强调"黑客"般的企业家动手实干的精神，帮助企业以极低甚至零成本获取并留存用户，最终取得成功。

本章将从增长之父肖恩·埃利斯提出的互联网创业企业的增长范式讲起，然后讲同期数据科学行业应用的演绎，最后以在线教育业务为例讲如何利用数据驱动获客、激活、留存、变现、传播等环节的效率提升，并最终实现数据驱动业务增长，帮助大家更直观地了解如何通过结合硅谷的增长范式与数据科学的演绎，进一步释放增长的潜力。

5.1 概念

5.1.1 增长黑客的概念

"用户增长了 30%，看起来是一个很正向的信息，但结合获客成本信息，我们发现用户增长主要由新用户补贴力度大幅度提升带来，目前新客补贴率高达 70%。

"从之前的分析中已知，在产品力保持稳定的前提下，新客首单的补贴率越高，接下来 15 天内留存的概率越低，留存下来的用户对应的全生命周期价值显著低于平均补贴水平的用户全生命周期带来的价值。虽然用户体量提高了，但仍对应过低的留存率，新客获客成本显著高于用户对应的生命周期价值。

"建议停止野蛮补贴，有限的时间和资源优先投入提高产品和服务体验上，先观察留存率变化，等留存率符合预期，我们可以重新分配获客的预算。"

BI 分析师在运营周会诊断业务时，纠着增长负责人不肯松手。这大概就是数据驱动的运营会最常见的场景之一。

其实增长本身不难，只要肯花钱。VR 场馆的免费体验券，电商发出的 0 元购买机会，短视频、游戏平台的注册返礼、注册返现等，都可以带来直接的、可观的用户数量增长。但在产品功能和体验没有得到验证之前，用钱催出来的用户体量在补贴撤掉之后就会流失大半。钱打水漂本身就是大事，但对企业伤害更大的是浪费掉的时间。因为同样的时间本来可以用来打造更扎实、更惊艳的体验，就像你的竞争对手正在做的一样。

难的是可持续的、有意义的增长——基于扎实、惊艳的产品体验，低成本、高留存带来的体量增长和活跃度提升，这样的增长才是可持续的增长。我们经常听到的"增长黑客"便是这样一套方法论，它强调通过快节奏的测试假设和功能迭代，凭借黑客般的企业家动手实干的精神，帮助企业以极低甚至零成本获取并留存用户，最终取得成功。

肖恩·埃利斯（Sean Ellis）是最早提出这个概念的人，是带领 Dropbox 实现 500% 增长的领军人物，曾主导过多家硅谷上市公司的市场营销工作，也是增长黑客社区 GrowthHackers.com 的创始人。目前互联网领域里的"黑客增长"主要是基于肖恩·埃利斯的基础概念演绎而来。

5.1.2　增长金字塔：找到市场契合点和价值投递引擎

肖恩·埃利斯提出的创业增长金字塔主要解决公司在找到产品与市场契合点之后，如何增长的问题。在这个金字塔中，肖恩·埃利斯认为企业可以分为三个阶段，不同阶段企业面临不同的关键任务。

第一阶段是确定**产品市场适配度（Product Market Fit）**。决定把什么东西卖给谁，并确定产品在较大的可以触达的市场上具有不可或缺性。那么如何确定是否达到预期的产品市场适配度呢？肖恩·埃利斯推荐的方式是，问正在使用产品的用户一个简单的问题："如果你不能再使用这个产品和服务，你的感受是什么？"如果 40% 及以上的人回答"非常失望"，那就说明你已经找到了产品和市场适配的那个点。

第二阶段是**累积增长概率（Stacking The Odds）**，为后面的规模增长做准备。这个阶段需要确定我们已经找到了一个可防御的、高壁垒的竞争优势。肖恩·埃利斯认为，这个阶段最应该做的就是了解正在使用我们产品的用户，用户是谁，为什么他们觉得我们的产品不可或缺，以及他们如何使用我们的产品。找到优势并加以巩固，不断优化价值投递引擎，将用户对核心价值的看法打造成吸引新用户的方法。通常提到的所谓的"aha moment"就是指一个关键的瞬间，即用户决定选择我们产品的那个瞬间。

第三阶段就是大家比较熟悉的**规模增长（Scaling Growth）**阶段。

增长最经典的模式是 AARRR 转化漏斗模型，4.2.3 节讲过，这里再次详细阐述。它包含 Acquisition（获客）、Activation（激活）、Retention（留存）、Revenue（营收）、Referral（传播）五个阶段（如图 5-1 所示），对应第一关键指标模型，这也是用户运营体系关键指标体系的来源。

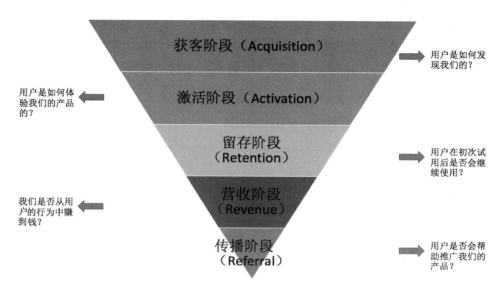

图 5-1　AARRR 转化漏斗模型的主要环节

（1）**获客阶段**，用户是怎么发现我们的？常用的渠道有搜索引擎优化（SEO）、搜索引擎营销（SEM）、弹窗、邮件、公关稿、广告、播客等。这个阶段的主要问题框架为，如何通过更少的钱带来更多、更高质量的用户。核心关注的指标主要是流量、每次点击费用、搜索频次与排名、用户获取成本、点击率指标。

（2）**激活阶段**，用户是如何体验我们的产品的？让用户使用你的产品并体验那个最终会帮助用户做出选择的"aha moment"来传递价值，赢得用户。路过的访客是否会做出订阅、转化、购买、支付等操作？是否需要通过产品功能、设计、措辞、补偿、可信度提升等方式来优化价值投递引擎效率？这个阶段通常会涉及大量的 A/B 测试来不断调整产品功能、沟通策略。注册人数、新手教程完成量、新用户数等为这个阶段较常用的衡量指标。

（3）**留存阶段**，用户在初次试用后是否会继续使用？我们是否赢得了他的忠诚？我们的价值投递策略有没有成功？"aha moment"有没有最终捕获用户的芳心？主要体现在用户留存率上。就像在本章开篇就提到的，用户留存率低，基本是在暗示我们的体验水平没有达到预期，这时如果盲目花钱投放带来野蛮的增长，并不会带来真正意义上的竞争优势。首先，一定要及时诊断业务的产品力是否过关，其次，可以通过邮件、短信、Push 等提醒、预警等运营方式来试图唤醒并留住用户。这个阶段常用的指标为用户参与度、上次登录的时间、日/月活跃率、留存率、流失率。

（4）**营收阶段**，我们是否从用户的行为中赚到钱？用户是否肯为我们提供的产品和服务付费？又或者用户的访问和停留时长是否可以帮助我们获得其他方式的资金收入？当然不同的商业模式对应不同的变现模式，对应的评价方法也会相对灵活。但比较基础的提炼是，这个阶段的重点在于提高每位用户带来的收益，对应的指标通常有客户终生价值、转化率、客单价、广告点入应收等。

（5）**传播阶段**，用户是否会帮助推广我们的产品？我们最愿意看到的传播模式是，已有忠诚用户对潜在用户的口碑传播甚至是病毒式传播，原因有几个。首先，通常情况下，用户自传播带来的用户的获客成本显著低于市场投放和搜索优化的获客成本，而且通常自传播带来的用户质量也更高，他们对补贴更不敏感，通常也更忠诚。其次，能形成自传播本身就意味着我们已经有一批忠诚的用户愿意为我们的产品代言，而这本身就是一个非常积极的信号。如何引导更多的忠诚用户更主动地带来更多数量的新用户，是这个阶段主要的优化问题。邮件、插件、广告、点赞、转发社交网络、联盟等都是可以维持并加速自传播的有效手段，相对应的指标为邀请发送量、病毒式传播、病毒传播周期、自传播带来的新用户数量等。

5.1.3　增长黑客的运营机制

掌握了"增长黑客"的方法论，如何在实际业务场景中贯彻使用增长黑客方法论，并提高健康增长的概率和效率呢？肖恩·埃利斯分享了他的经验，一共分为获得老板支持、组建跨职能增长团队、确定第一关键指标、确定具体的工作流程、确定具体的运作机制五个步骤，如图5-2所示。接下来，我们展开了解一下各步骤都包含哪些细节。

图5-2　增长黑客的运营机制

（1）获得老板支持。俗话说"射人先射马，擒贼先擒王"，可能不是最好的描述，但是要想调用公司各个部门的资源，没有什么比 CEO 级别的支持更有效、更直接了。为了以更低的成本、更快的速度实现更大规模的增长，需要及时、高效的决策体系推进快速迭代的日常运营。而若得不到公司最高级别管理者的支持，几乎不可能在跨职能部门协作的基础上实现高效决策与执行。早期 Facebook 的增长团队便采取了直接汇报给 Facebook 的 CEO 扎克伯格的架构，也有一些公司 CEO 直接担任增长团队的首席增长官。

（2）组建跨职能增长团队，一般由市场营销、用户运营、产品设计、产品经理、技术研发、数据分析等模块组成，可以简单理解为小的创业型的团队，特点是直接面向业务关键增长目标，高效写作和快速响应。具体设置模式可以分为独立的增长团队，如 Facebook 就是采取单独建立一个增长团队并直接汇报给 CEO 的架构，也可以建立一个虚拟的增长组织，增长团队的人分拆到市场、运营、设计、产品、技术、数据等部门，以跨部门虚拟组织的方式协作运营，如 Linkedin 等公司。只有是否合适，没有优劣之分。

（3）确定第一关键指标。如果我们已经在考虑如何组建增长团队，那保守估计我们也已经从日常运营中积累了至少几十个"关键指标"来监测。而我们不可能努力组建一支增长团队，然后让他们追寻这几十个指标，乱打一通。如何聚焦，如何使有限的时间和资源投入最值得投入的业务环节上？这就需要我们结合业务发展阶段和所处的商业模式来提炼最能描述这个阶段的业务核心，最能给业务带来长久竞争优势，建立竞争壁垒的环节来提炼**第一关键指标**。它可以是转化率、留存率等效率指标，也可以是日活/月活等规模指标，但最好是简单易懂，可比较，可引导执行，且表达了这个商业模式下的核心竞争要素，通过改善这个关键指标，我们知道我们可以系统化地提高竞争优势。

（4）确定具体的工作流程。如图 5-3 所示，通常是数据先行，通过围绕第一关键指标的专题分析与异动诊断，输出需要被重点干预的业务、产品环节。其次是充分进行开放性的探讨，展开更多可能的视角，获取尽可能多的想法和增长的启发式，这个阶段鼓励不设限，尽可能广泛地建立各种假设。接着便是对这些想法集合的优先级排序，与第一关键指标相关性越大，价值创造越直接，能撬动增长的潜力越大，则优先级越高；测试越简单，优先级越高。再接着回到数据，快速分析测试结果，显著的和不显著的、起作用的和没有起作用的分开。显著有效的，快速扩充到更大范围的线上环境，明显不起作用的，赶紧下线，反刍可能的假设误区。数据分析、收集想法、迅速测试和快速迭代，这种快速、高频率、科学展开的认知循环的测试与实验，将系统性地提高团队的业务认知，推进产品进化。

图 5-3　确定具体工作流程

（5）确定具体的运作机制。每周开一个小时的增长例会，需要 CEO 或产品 VP 级别的人参加，还是数据先行，大概 15 分钟完成基于上周业务指标的业务诊断，监测基本盘，识别风险点与机会点；接下来的 10 分钟，重点复盘上周的测试提炼总结，哪些假设成功了，为什么，哪些假设失败了，为什么；再用 15 分钟提炼总结，上周测试中的新的经验和新的知识有哪些，有哪些基本认知需要被强化，有哪些基本认知需要被调整……再接下来的 15 分钟，确定下一周具体的测试任务；最后 5 分钟看看是否有新的测试想法和假设，或者认知纳入流程中来。任务具体和机制高效是必需项，因为我们占用了公司最高管理层的时间，如图 5-4 所示。

增长例会常规议程

- 上周业务指标的的业务诊断，监测基本盘，识别风险点与机会点（15分钟）

- 复盘上周的测试提炼总结（10分钟）

- 提炼总结上周测试结果（15分钟）

- 确定下一周具体的测试任务（15分钟）

- 探讨新的测试想法和假设（5分钟）

图 5-4　增长例会常规议程

5.2 数据科学的演绎

5.2.1 人工智能的高光时刻

数据科学作为一种综合性的学科，旨在研究从数据中提取有用信息的方法和技术。它涉及使用统计学、计算机科学、数学和领域专业知识等多个学科，分析和理解数据，并从中获得洞见、预测和决策支持。数据科学家通常使用数据挖掘、机器学习、统计分析和可视化等工具和技术来处理和分析数据，以发现潜在的关联和趋势，并提供数据驱动的解决方案和策略。其中，使用算法和技术来模拟人类智能，使计算机能够像人一样思考和决策，我们称之为人工智能。

"未来已来"，应该是比较恰当的描述。接下来将从 AlphaGo——由谷歌 DeepMind 开发的人工智能计算机程序——来窥探一下人工智能带来的变化。

先从 AlphaGo 讲人工智能。AlphaGo 是 2016 年由谷歌旗下 DeepMind 公司戴密斯·哈萨比斯领衔的团队开发，基于深度学习原理工作的人工智能机器人，其以 4∶1 的总比分击败了围棋世界冠军、职业九段棋手李世石，成为第一个击败人类职业围棋选手、第一个战胜围棋世界冠军的人工智能机器人，这引起举世哗然。围棋是目前为止人类开发的最复杂的策略游戏，围棋世界冠军在某种意义上代表了人脑的信息处理能力的最高水平，但是在人发明的挑战人脑计算能力极限的策略游戏上，人输给了机器。

AlphaGo 是如何办到的？Facebook "黑暗森林" 围棋软件的开发者田渊栋在网上发表分析文章说，AlphaGo 系统主要由几个部分组成：①策略网络（Policy Network），给定当前局面，预测并采样下一步的走棋；②快速走子（Fast Rollout），目标和策略网络一样，但在适当牺牲走棋质量的条件下，速度要比策略网络快 1000 倍；③价值网络（Value Network），给定当前局面，估计是白胜概率大还是黑胜概率大；④蒙特卡洛树搜索（Monte Carlo Tree Search），把以上这四个部分连起来，形成一个完整的系统。AlphaGo 的每一步，都是在完全信息的基础上算出来的获胜概率最高的那一步。相对于人类的决策，这种决策有明显的优势，它基本不犯错误。

我们再把 AlphaGo 放到整个人工智能的发展轨迹里，很容易就能发现它既不是开始，更不是结束。人机对战早在 1997 年就拉开了序幕，当时 IBM 深蓝（Deep Blue）战胜人类象棋世界冠军，2016 年 3 月谷歌 AlphaGo 挑战围棋世界冠军（比分 3 : 1）获胜，2017 年 5 月同团队 AlphaMaster 战胜世界冠军（3 : 0 全胜），2017 年 10 月 AlphaZero，一个没有先学习人类围棋棋谱，而完全通过在围棋规则下"自学"下棋的算法，战胜 AlphaMaster（比分 100 : 0）。

世界排名第一的围棋世界冠军柯洁曾经感叹，在他看来，AlphaGo 就是围棋上帝，能够打败一切，对于 AlphaGo 的自我进步来讲，人类太多余了。对于后面的 AlphaZero，人类的经验就更多余了。当然，我们并不认为 AlphaGo 赢得胜利和柯洁赢得世界冠军是同样性质的事情，AlphaGo 是解了一道题，但柯洁代表人类不断突破与超越自我的精神。看到柯洁夺冠，我们会想击掌相庆，但看到机器夺得胜利，并不会带给我们情绪上的强烈共鸣。虽然我们可能确实只是浩瀚宇宙中不起眼的尘埃，但凭着对人类固有的偏爱，我更愿意相信，围棋作为人类挑战的最复杂的游戏，带给人类的精神价值远远高于技术本身。

显然，机器在一些我们认为很复杂的领域比人类高效。这是否在提示有人类与机器分工提升整体创造价值的效率的空间？ AlphaGo 的胜利引起了全球的关注，它被认为是人工智能在游戏领域取得的一项重要成就。此后，AlphaGo 的技术被应用到其他领域，如医疗、金融、自然语言处理等，推动了人工智能技术的发展。AlphaGo 所使用的深度学习技术和强化学习方法等，也可以应用到其他领域，例如自然语言处理、图像识别、智能控制等，来解决实际问题。这些技术可以帮助人们处理大量的数据和信息，从中提取出有用的知识和信息，帮助人们做出更好的决策。

5.2.2　提炼算法替代决策的机会点

"在可描述、有边界的问题场景里，机器大概率会比人高效。"2016 年，我在和时任京东大数据负责人杨光信老师交流时，光信老师这样点拨。

这还要从我在京东的工作经历讲起。我在京东工作时负责用户分析模块，后来负责的项目分配到京东大脑项目下的数据资源，并和算法团队合作。其中有一次，我和光信老师交流，从用户下单概率模型选型延伸到数据智能，谈起谷歌的AlphaGo，他认为，在可描述、有边界的博弈场景中，机器大概率会比人更高效。AlphaGo让全世界都震惊了，不愿意接受在人发明的最难的游戏里被机器打败。还有人在讨论如果围棋的边界从18×18=324个格子扩展到更多格子，人类是不是又可以夺回主动权。1997年IBM"深蓝"（Deep Blue）打败世界象棋冠军（象棋是8×8=64个格子），到现在谷歌打败围棋冠军，机器赢得更彻底。后面就算扩充更多的格子，就算把围棋棋盘弄成足球场那么大，只要这个问题是可描述的、有边界的，无非就是配置多少机器的问题。只要不停电，机器就会赢，而且速度只会越来越快。

当然，人工智能还在不断摸索和发展，产业应用还在摸爬滚打中前行。但我们不能错过的信息是什么？我们拥有了前所未有的计算能力，人类的"有边界的、可描述的"决策正在不断被机器剥离。最重要的是，大多数工作里面出现的任务，需要做的决策显然比围棋简单许多。"有边界、可描述"意味着这件事情可以转化为数据问题，"以前大量发生过"意味着有充分的数据可以学习，"以后还会大量发生"意味着在这件事情上的效率提升会带来价值。

"有边界的、可描述的，以前大量发生过、以后也会大量发生过的决策，机器大概率上要比人高效。"

这便是我们用来寻找数据直接代替人工决策提升效率的指导原则，每接触一个新的业务线，我们便通过扫描业务全流程、产品全路径，提炼可以用算法替代的运营、产品的决策环节，然后用算法去替代。

当时在京东原本是已经交了辞呈，但是只是和光信老师的团队开过一次会，我就马上撤回辞呈。接下来那一年和京东算法团队合作，基本奠定了我后期数据应用的逻辑框架。

5.2.3　2%的人通过机器控制98%的人

机器是否会替代人类？

引用马克·吐温的描述:如果把宇宙比喻成埃菲尔铁塔,那人类就是塔尖圆球上的那层灰。宇宙存在 138 亿年,现代人类才诞生 20 万年,我们很难得出人类就是这个宇宙的意义和终极进化状态。用演化的思维去拆解,人会死,但基因会传递,而基因无非是存储遗传信息的序列。直白一点的现实是人会死,但信息会被传递下来。

《人类简史》和《未来简史》的作家尤瓦尔·赫拉利就在各种场合里表述了他的担忧。他认为人类在解决长生不死、幸福快乐、化身为神的过程中,人类的自由意志将面临挑战,机器会代替人类做出更明智的选择,绝大部分人将沦为"无用的阶级",只有少数人能进化成拥有自由意志的"智神"。2021 年他受邀参加斯坦福的论坛,与人工智能专家李飞飞讨论时提到,当生物和人工智能结合的时候,人类将会面临生存意义上的危机。

对于这个世界我们已知的信息实在太少,世界发展的变量又是很难穷尽的。但在面对可预见的未来,寻找可能的对策依据时,我发现吴军老师在《智能时代》给出的解答可能更具有科学意义上的可操作性。吴军老师认为,机器不会替代人类,但 2% 的人可能会通过机器控制 98% 的人(下面便利蜂的例子似乎就符合这一预测)。当算法比人脑高效,智能革命让产业不断升级,智能机器、大数据取代人类,实现全面智能化也不再是想象中的画面。未来可能只有 2% 的人能扛住智能革命的浪潮,其他人都会失去饭碗。

便利蜂是一家不太一样的便利店。顾客一进门,员工便会对顾客讲"欢迎光临",并露齿微笑(据说露多少颗牙齿是有标准的)。店里会经常响起提醒播音:商品的促销活动和价格马上就要变动了,如果需要请尽快下单。这也不是为了督促你下单支付,而是便利蜂基于动态定价系统来定价的,如三明治、饭团等食物临近保质期时,后台系统就会自动调节价格,电子价签实时变价。店里卖什么是通过智能选品系统来决策的,店员不参与决策。店里炒什么菜、怎么炒,则是系统通过收集美团、小红书等平台上的数据,把最有可能受欢迎的前几百个菜名提供给研究人员,让他们从中选择,而且对火候、时间有明确的量化,店里热多少个包子也早早给店长算好,店长只要按系统显示来做就好了。2020年便利店大会上,便利蜂高级副总裁、运营 CEO 王紫书说,便利蜂落实了两个事情:一个是建立一套自动化的系统,把人从琐碎的门店管理中解放出来,专心做好顾客服务;二是量化顾客服务的最佳实践,由系统帮助人去达到合格标准。

于是，依托智能订货系统、大数据选品系统、自助收银系统、动态定价系统和系统驱动的量化服务标准管理机制，短短三四个月的培训后，新员工就可以指派到店里当店长，而传统便利店则至少需要培训 2 年。

便利蜂的创始人、去哪儿网前 CEO 庄辰超直言，工程师会不断建模、编程提炼决策，而店员和店长唯一需要做的事情就是服从电脑的指令。

机器是否会替代人类？我们不得而知。但有边际的、可描述的、大量发生的决策显然是有明显的提效空间。

5.2.4 提问题的能力才是核心能力

ChatGPT——由 OpenAI 创建的大型语言模型，又是另一个人工智能的典型应用场景，图 5-5 所示是 ChatGPT 的用户界面。ChatGPT 又是什么？我们直接问一下 ChatGPT，如图 5-6 和图 5-7 所示。

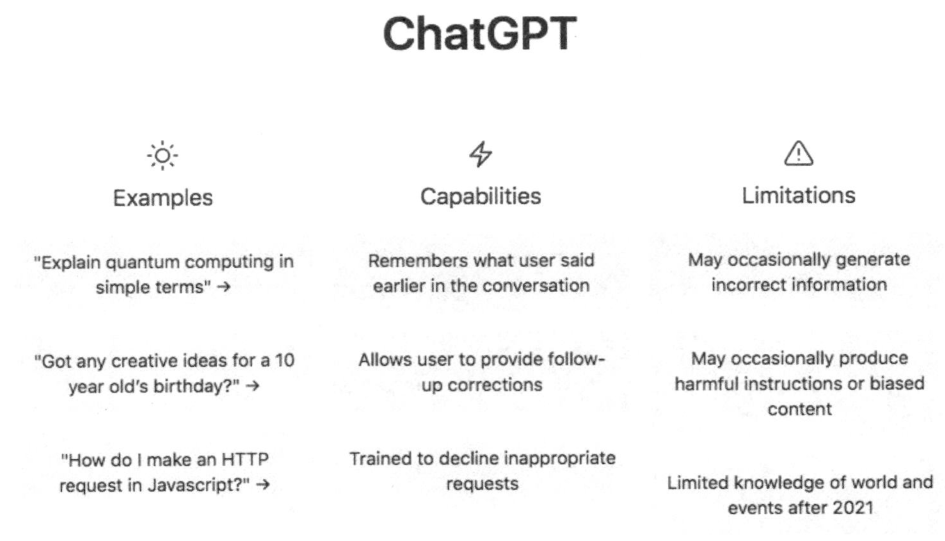

ChatGPT

☀️ **Examples**

"Explain quantum computing in simple terms" →

"Got any creative ideas for a 10 year old's birthday?" →

"How do I make an HTTP request in Javascript?" →

⚡ **Capabilities**

Remembers what user said earlier in the conversation

Allows user to provide follow-up corrections

Trained to decline inappropriate requests

⚠️ **Limitations**

May occasionally generate incorrect information

May occasionally produce harmful instructions or biased content

Limited knowledge of world and events after 2021

图 5-5 ChatGPT 的用户界面

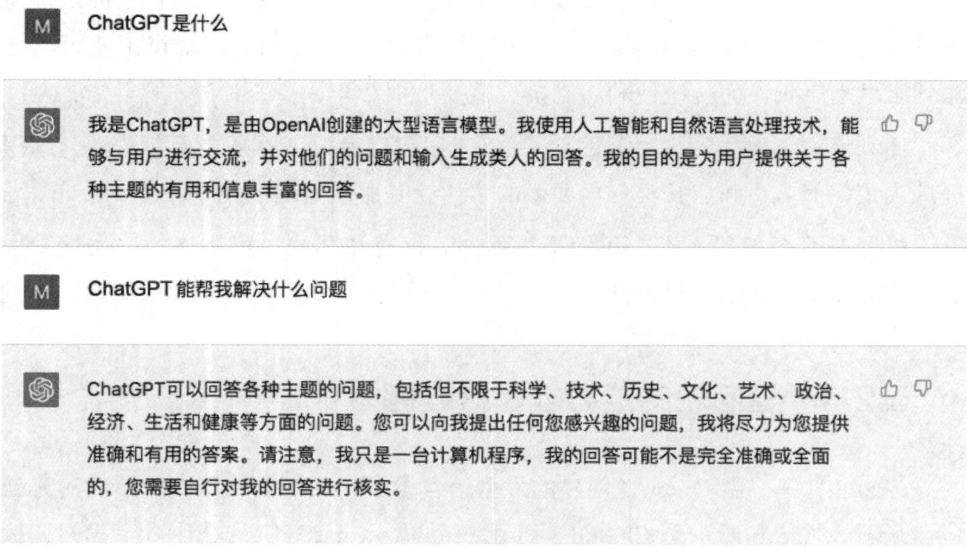

M　**ChatGPT是什么**

⑤　我是ChatGPT，是由OpenAI创建的大型语言模型。我使用人工智能和自然语言处理技术，能　👍 👎
够与用户进行交流，并对他们的问题和输入生成类人的回答。我的目的是为用户提供关于各
种主题的有用和信息丰富的回答。

M　**ChatGPT 能帮我解决什么问题**

⑤　ChatGPT可以回答各种主题的问题，包括但不限于科学、技术、历史、文化、艺术、政治、　👍 👎
经济、生活和健康等方面的问题。您可以向我提出任何您感兴趣的问题，我将尽力为您提供
准确和有用的答案。请注意，我只是一台计算机程序，我的回答可能不是完全准确或全面
的，您需要自行对我的回答进行核实。

图 5-6　与 ChatGPT 的对话一

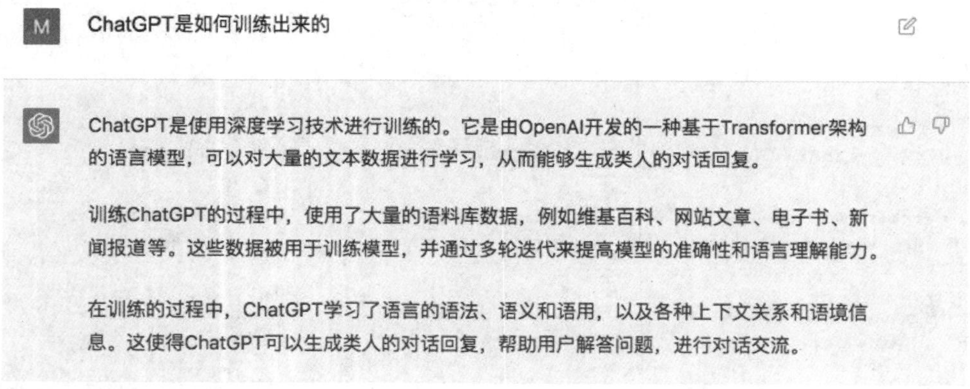

M　**ChatGPT是如何训练出来的**　　　　　　　　　　　　　　　　　　　　　　　　　🖉

⑤　ChatGPT是使用深度学习技术进行训练的。它是由OpenAI开发的一种基于Transformer架构　👍 👎
的语言模型，可以对大量的文本数据进行学习，从而能够生成类人的对话回复。

训练ChatGPT的过程中，使用了大量的语料库数据，例如维基百科、网站文章、电子书、新
闻报道等。这些数据被用于训练模型，并通过多轮迭代来提高模型的准确性和语言理解能力。

在训练的过程中，ChatGPT学习了语言的语法、语义和语用，以及各种上下文关系和语境信
息。这使得ChatGPT可以生成类人的对话回复，帮助用户解答问题，进行对话交流。

图 5-7　与 ChatGPT 的对话二

　　ChatGPT 是一款智能工具，它已经通过了谷歌 Level3 的程序员面试、宾夕法尼亚大学沃顿商学院的期末考试以及美国执业医师资格考试。它的强大数据量、高效的大规模计算和高质量的排序能力使其能够快速解答用户提出的各种问题，包括做题、撰写论文、履行规划、分析情感问题等广泛主题。

　　人们普遍讨论的一个话题是，ChatGPT 会对哪些行业造成影响。美国经济学家埃伦杜（Tyna Eloundou）等四位与 GPT 的公司 OpenAI 合作的研究者，发

表了一份名为《GPTs——Generative PreTrained Transformer（大规模预训练语言模型）就是 GPTs——General Purpose Technology（通用技术）：大型语言模型对劳动力市场潜在影响的初步观察》的研究。

研究结果表明，约 80% 的美国劳动力至少有 10% 的工作任务会受到 ChatGPT 的影响，而大约 19% 的员工可能会看到至少 50% 的工作任务受到影响。这种影响涵盖所有工资水平，高收入工作可能面临更大的替代风险。需要注意的是，该研究认为许多白领与知识专家将面临巨大的挑战。

ChatGPT 这一导致范式转移的产品，实现了机器与人类在自然语言层面的有效交互，进而在更多模态下，例如图像、音频、视频、3D 设计等方面，这将会极大改变人类的工作方式，对于工作技能产生新的要求，也会引发生产关系的调整甚至局部的重构。而这一趋势正在加速。

在解答问题方面，ChatGPT 的知识储备将会越来越丰富，而这种储备将直接转化为解答质量的提升，它可以帮助那些向它提问的人更好地学习和探索，提高他们的思维能力和提问技能，从而在未来的变革和发展中保持竞争力。这意味着那些会提问的人将会获得空前的效率提升，而那些不思索问题、只掌握执行的人则可能逐渐失去优势。

5.3 数据驱动增长的案例（以在线教育为例）

用数据来驱动增长，实际上是结合 5.1 节中的增长范式与 5.2 节中展现的数据科学的演化，来识别业务中可用数据来驱动的机会点并驱动业务增长。接下来，以 K12 在线教育领域初创企业的一个案例来与读者一起探索一下如何用数据驱动业务增长。案例中的在线教育企业已经在 MVP 阶段认证了产品适配度，进入提高增长概率的探索环节，并逐步试水追求业务规模。

接下来，我们将在线教育映射到增长的范式里，"获客"对应"注册"、"激活"对应"转化"、"留存"对应"退费"、"盈利"对应"续费"、"传播"对应"转介绍"，并结合数据科学的演绎的具体方法论，来直观地了解如何通过数据驱动的方式进一步释放增长的潜力。

⬡ 5.3.1　获客：注册

　　注册阶段的业务主要由市场渠道投放、转介绍、新的渠道和营销方式尝试三部分组成，对应的优化逻辑是用更少的钱吸引更多更容易转化的注册用户，约束是用户获取成本不得高于用户终生价值。注册阶段主要关注渠道的潜在补给量、渠道的购课转化率、渠道对应的获客成本等关键指标。这个阶段对应的分析议题包含优化资源配置、提高产品的沟通效率、页面路径优化、提升转介绍效率等四个方案。

　　（1）优化资源配置： 市场渠道投放与新投放渠道尝试，如公众号、直播、短视频等，都主要以 ROI、渠道流量、渠道转化率，再结合退费率作为观察指标，识别出优质渠道来指导渠道投放的运营人员做资源配置。短、平、快的支持方式是通过搭建看板，按流量体量、转化率、获客成本与业务团队商议权重，给出排序，帮助市场投放团队把握核心渠道，围绕着核心渠道分配资源。更长期的解决方案是用算法来输出排序，投放自动化解决方案，市面上有不少垂直的 SaaS 公司在这个细分领域耕耘。

　　（2）提高产品的沟通效率： 即通过提升"语言"和产品的匹配度，主要体现在营销语言上的迭代，传达产品价值和特点来打动目标用户，并提升注册转化率。通过不断挖掘用户决策因素，提出更多假设，并通过支持内容运营 A/B 测试，快速测试来完成。之前字节跳动还在拓展 ToC 侧的在线教育场景时，我们就一直在讨论作为流量平台的信息优势，抖音、今日头条上可以看到所有在线教育上的投放数据，投放策略、文案和对应的转化率完全可以通过自然语言处理，对比点击目标页面和没有点击目标页面的文案进行分析，识别出与目标用户沟通的最优策略。而公司内部除非用爬虫爬取平台数据，否则就只能基于自己的数据进行分析，当然，也比只依赖运营经验有效率。

　　（3）页面路径优化： 在线教育场景，页面路径相对简单，但仍需要不断进行用户路径迭代，如引导用户转发活动的链接放在什么位置上点击效率才会更高等。

　　（4）提升转介绍效率： 转介绍是各渠道里占比最高、成本最小的渠道，且平台掌控性更高一些。首先，提升转介绍触发的概率，提升每次转介绍带来的新用户的效率都会有效地提升平台整体渠道效率；其次，转介绍用户一般是对平台产品满意且相对忠诚的用户，识别出忠诚用户的决策因素与产品价值感知因素有助于提升团队在做沟通效率优化、页面路径优化时的效率，在 5.3.5 节中详细探讨。

可见，数据驱动前后从运营经验到量化的判断标准，可以逐渐转变为数据驱动的决策过程。在注册阶段，投放策略、内容设计、路径优化、提升转化效率都可从传统的依赖运营经验与人工的决策转变为基于数据的、科学的决策。

5.3.2 激活：转化

激活阶段主要关注转化效率，业务模块主要由销售团队、老师、课堂组成。销售团队负责推进决策过程，通过打电话或者微信跟进的方式给传到 CRM 系统里的注册用户预约一堂试听课，老师按时给学员上课，试听课结束后销售团队再跟进，引导家长购买课程，完成转化。对应的优化逻辑是提高销售团队的人效，提高学生的学习体验，减少课堂的差体验。该阶段主要的分析议题为销售团队的人效、老师授课质量、课堂质量。

（1）销售团队的人效：先识别可以用算法或者逻辑替代的决策点，如销售人员打电话、微信沟通的优先排序按照试听课参课概率、下单概率为结果标签，以渠道、区域、小区等用户属性与用户在平台上的行为作为特征输入，输出用户 ID 粒度的参课概率、下单概率，取代以往销售人员按个人经验选择用户跟进的方式；再找标杆，对比头部（如 top20%）销售人员与腰部（top50% ～ 70%）销售人员的行为与沟通内容，提炼标杆的策略，第一步输出给大家引导大家学习模仿，第二步形成产品的解决方案，如在 CRM 直接输出用户参课概率、下单概率和建议的沟通策略。

（2）老师授课质量：对比试听转化率头部（如 top20%）老师与腰部（top50% ～ 70%）老师识别转化率高的教学方法，提炼标杆的教学方法，并尽可能标准化教学过程；尽可能及时提供学员学情相关的信息，辅助老师提高课中交互的质量；通过用户评价和专家诊断的方式约束好明确的差教学行为，控制学员差体验的概率。

（3）课堂质量：课堂由课件、课堂设备和同学等构成，其中：

- 课件需跟进同年级多个版本对比测试，迭代优化，打磨符合教育科学又能提高转化效率的课件。

- 课堂设备要求流畅性和稳定性要好，降低掉线、卡顿等负向体验。

- 同学，如果是一对多的场景，则学习小伙伴的安排也会在一定程度上影响学员上课体验，最好是可以预先以已知信息计算匹配度，实际提高学习体验，并不断测试沟通策略，提高学员参与程度与接受度。

与注册阶段相同，数据驱动之前和之后对比依然主要体现在依赖人工的决策机制转变为依赖数据的、科学的决策机制，具体到销售团队、老师、课堂体现如下。

- **销售团队**：注册用户跟进优先级从依赖业务经验到基于算法输出的参课概率、下单概率跟进；沟通策略依赖业务经验，头部销售人员和腰部销售人员之间有信息差，未能发挥团队整体潜力，到通过算法及时提炼头部销售人员的沟通策略，进一步解放团队潜力；实践经验从积累的知识集中在"人"身上，离职了就失去了经验，到通过将话术建议整合到CRM系统，平台上的实践经验积累的知识不断喂养系统，使系统越来越"聪明"，惠及大盘。

- **老师**：教学方法迭代方面，之前依赖业务经验，头部老师与腰部、底部老师之间有信息差，未能发挥教师团队的整体潜力；优化后，通过提炼标杆的教学方法，将教学引导精确到至少与每位学员沟通3次等具体的指导，解放整体团队潜力。实践经验方面，之前积累的知识集中在"人"身上，一旦老师离职，公司就失去了这份经验；优化后，通过将教学经验整合到课件和上课系统中，平台上的实践经验积累的知识不断喂养系统，使系统越来越"聪明"，惠及大盘。

- **课堂**：课件迭代方面，之前依赖业务经验，无明确指标标准；优化后课件迭代以转化效率为目标，在符合教育科学的框架内不断测试迭代。在一对多场景中，之前学员匹配只看时间和年级；优化后学员匹配考虑学员匹配度。在一对多场景中，关于课堂学员匹配，之前从不做单独沟通；优化后不断测试沟通策略，提高学员接受度。

5.3.3　留存：退费

留存阶段指标包含留存、退费等指标，鉴于分析思路雷同，这里以退费为例引入数据驱动的留存。退费在一般在线教育业务场景下又可以分退费有效期内退费和退费有效期外退费，前者主要由渠道、销售、教学、辅导老师一起成单，后者不追溯渠道和销售，由教学和辅导老师主要跟进。退费涉及的分析议题包括退费决策时间分析、学员退费概率预测、退费决策因素等三个模块。

分析议题：

- **退费决策时间分析：** 通过 Cohort 或者生存分析提炼用户退费决策时间窗口。
- **学员退费概率预测：** 通过用户属性、学员上课行为、学员评价、家长客户端行为、家长评价等信息作为特征输入项，用决策树、逻辑回归、随机森林、XGboost 等常用的分类模型预测用户退费概率，在决策窗口结束前进行回访、赠课、提供其他激励的方式进行干预，减少退费率。
- **退费决策因素：** 通过以上特征在模型中的特征重要性排序，再用其他统计方法如 P 检验等交叉验证，识别业务中的问题环节，如渠道质量差，活动设置有误，激励计算出错引来的羊毛党，如销售为了签单销售，过度承诺后无法兑现，如学习体验差，坐不住，跟不上，太容易、太难等学习困难。

数据驱动之前和之后对比，可以发现基于业务经验判断的退费决策时间、退费概率以及退费理由均可以由基于数据的、科学的决策替代。

- 数据驱动之前退费阶段的运营策略主要停留在用户提出退费申请后退费专项团队挽回上，而该方案成本高、效率低；数据驱动之后的运营策略考虑用户的决策时间窗口，并基于用户粒度的退费概率提前干预，降低退费概率。
- 数据驱动之前的识别决策因素主要依赖学员返回给退费挽回组的信息和资深运营的基于经验的"感觉"上，信息覆盖率和可信度相对低且有经验的运营和新入行的运营之间面临较大的信息差；而通过数据驱动之后，退费决策因素基于充分学习用户在系统的行为与体验的数据挖掘的发现上，与业务专业人员共同拆解定位业务薄弱环节，有的放矢。

ⓔ 5.3.4 盈利：续费

续费是在线教育提高用户终生价值并实现盈利的主要环节，主要受上课体验、辅导老师的服务体验影响。该阶段对应的分析议题包含续费的决策时间、续费的概率预测、续费的决策因素，以及辅导老师的效率。

- **续费的决策时间**：通过同批纵向分析（Cohort Analysis）或者生存分析提炼用户续费决策时间窗口。

- **续费的概率预测**：通过用户属性、学员上课行为、学员评价、家长客户端行为、家长评价、辅导员执行动作与沟通策略与内容等信息作为特征输入项，用决策树、逻辑回归、随机森林、XGboost等常用的分类模型（简介见 5.3.6 节）预测用户续费概率，在决策窗口结束前进行回访、赠课、提供其他激励的方式进行干预，提高续费概率。

- **续费的决策因素**：通过以上特征在模型中的特征重要性排序，再用其他统计方法如 P 检验等交叉验证，识别业务的问题环节，识别可干预变量，如学员因课件太容易、太难，或与同伴同学的学习效率或风格差异过大，如辅导员老师服务水平造成家长无法及时解决课上、辅导作业时产生的困难，降低体验感等。

- **辅导老师的效率**：先识别可以用算法或者逻辑替代的决策点，如辅导老师打电话、微信沟通的优先排序可考虑续费概率和剩余课时时间，取代以往班主任老师只依赖剩余课时时间规则，并按个人经验选择用户跟进的方式；再找标杆，对比头部（top20%）辅导老师与腰部（top50% ~ 70%）辅导老师的行为与沟通内容，提炼标杆的策略，第一步是输出给大家引导大家学习模仿，第二步形成产品的解决方案，如在 CRM 等内部操作系统中提示用户续费概率，影响续费的关键因子，以及建议的沟通策略。

该阶段的数据驱动前后运营效率也主要体现在决策的科学化、数据化，以及用算法结果替代人工基于经验的决策等，如图 5-8 所示。

图 5-8　科学决策

- 数据驱动之前辅导员续费相关的运营动作仅依靠剩余课时时间；而经过数据驱动后的运营策略则会考虑用户的决策时间窗口，并基于用户粒度的续费概率提前干预，提高续费概率。

- 数据驱动之前续费决策因素依赖学员向辅导员反馈的信息，覆盖率低，可信度低；数据驱动之后续费决策因素基于充分学习用户在系统的行为与体验、辅导员老师服务行为与沟通内容的数据挖掘的发现上，与业务专业人员共同拆解定位业务薄弱环节，有的放矢。

- 数据驱动之前沟通策略依赖辅导员老师的业务经验，头部辅导老师与腰部辅导老师之间有信息差，未能发挥团队整体潜力；数据驱动之后通过算法及时提炼头部辅导老师的服务、沟通策略，进一步解放团队潜力。

- 数据驱动之前实践经验积累的知识集中在"人"身上，离职了就失去了经验；而数据驱动之后通过将沟通策略与话术建议整合到 CRM 系统，平台上的实践经验积累的知识不断喂养系统，使系统越来越"聪明"，惠及大盘。

5.3.5 传播：转介绍

在一些重决策业务场景中，转介绍常常是各渠道里占比最高、成本最低的渠道，在线教育也不例外。在转介绍业务环节下，主要对应三个业务目标。首先，是提升转介绍行为触发的概率，提升每次转介绍带来的新用户的效率都会有效地提升平台整体渠道效率。其次，是识别出潜在转介绍用户，即对平台产品满意且相对忠诚的用户。最后，需要识别出忠诚用户的决策因素与产品价值感知因素，有助于团队在做沟通效率优化、页面路径优化时的效率。主要对应的分析议题包含识别转介绍活跃时间窗口、转介绍概率预测、识别转介绍决策因素。

- **识别转介绍活跃时间窗口**：常用的方法有生存分析或者同批纵向分析。

- **转介绍概率预测**：确定影响变量，以是否带过转介绍和带转介绍的数量作为优化标签，学员、家长的静态属性，测评行为、上课行为、学习情况、辅导员服务情况等用户属性、行为、体验相关的变量作为特征，通过决策树、逻辑回归、XGboost 等分类模型建模，预测用户转介绍概率。

- **识别转介绍决策因素**：模型选型、调参完毕，模型解雇符合业务使用场景后，特征重要性变量从高到低排列，并结合统计检验（P检验、T检验）交叉验证，再按照目前模型找出业务可干预变量，如是否参与测评对业务转化率有影响，则可考虑运营和产品策略上引导用户做测评，也可以通过教学、教研团队提升测评的质量和体验，最核心是找出用户转介绍时的动机，如发现学习情况好的学员的家长更愿意推荐。

该阶段数据驱动前后的变化如下：

- 数据驱动之前辅导老师转介绍相关的运营动作仅依靠业务感觉，转介绍运营发起的时间点随意性高；而经过数据驱动后的运营策略则会考虑用户的决策时间窗口，运营干预点与用户转介绍决策点一致。

- 数据驱动之前，转介绍运营干预对象从全量或给予运营经验的简单规则，如最近一次上课时间在30天以内；数据驱动之后以更科学的方法划定干预对象，如用户决策周期内，按转介绍概率排序触发。

- 数据驱动之前转介绍决策的因素主要基于学员对辅导老师的反馈揣测，覆盖率和可信度都很低；在数据驱动之后，可以通过充分学习用户在系统中的行为和体验，以及辅导老师与学员之间的服务行为和沟通内容，进行数据挖掘和分析，定位业务薄弱环节。例如，在我们通过分析发现用户转介绍的概率除了受辅导老师服务的影响，也直接受学员的学习情况影响。通过分析学员的学习情况和转介绍数量，我们可以找到触发转介绍的动因，并尝试将该体验移植到其他学员身上，来提高转介绍效率。

- 数据驱动之前转介绍运营干预策略是针对全量的；数据驱动之后，强调营销、优惠到分学习情况，区别学情待改善但触发转介绍和不触发转介绍的用户，分箱制定策略并加强学习效果的沟通。

5.3.6　附：增长分析中常用的算法模型

- **逻辑回归（Logistic Regression）**：逻辑回归常用于二元分类问题，可以预测某个事件发生的概率，例如欺诈发生的概率。

- **决策树（Decision Tree）**：决策树是一种基于树结构的分类算法，通过一系列的问题对数据进行分类，可以有效地对风险进行识别。

- **随机森林（Random Forest）**：随机森林是一种基于决策树的集成算法，

通过多个决策树的投票来确定分类结果，可以有效地降低过拟合风险。

- **支持向量机（Support Vector Machine，SVM）**：SVM是一种二分类模型，通过找到一个最优的超平面来将不同类别的样本分开。

- **神经网络（Neural Network）**：神经网络模型可以通过学习大量数据来识别，并进行分类和预测。在风控中，可以通过神经网络模型来进行信用评估和欺诈检测等任务。

- **梯度提升树（Gradient Boosting Decision Tree）**：梯度提升树是一种基于决策树的集成学习算法，通过不断地优化模型来提高预测准确度，广泛应用于互联网等领域。

/第/ 6 /章/

专题：价值主张

　　"真正定义一个人的，是他在生命中最看重的任务。" Brian Little 博士在 TED 演讲中讨论人格特征的异同时指出，真正能定义一个人的，不是如内向或外向的某种人格类型，而是他生命中最看重的那个事情（core-life-project）。Brian Little 博士是国际知名的人格和动机心理学领域的学者。他对日常个人项目和"自由特质"对生活的影响的开创性研究，已成为解释和促进人类繁荣的一个重要途径。他分享自己的经验，说自己是非常内向的人，但他生命中重要的事情是教授（professing），在教授的时候他需要做很多演讲，他就会去做，即使需要在演讲前或演讲后跑去洗手间独处来恢复能量。最终定义他是谁的要素是"教授"，而不是需要躲在厕所恢复能量的内向的人。我想，真正定义一个企业的，也是**企业在其运营过程中最看重的任务**，企业面对这个世界时的**价值**主张。

　　本章会先交代提高实现价值主张效率的常用方法，并以在线教育、外卖为例来阐述如何通过数据驱动提高企业价值实现的效率。

6.1　实现价值主张的分析方法

本节要从方法论讲起。方法论是一种基于经验和逻辑的系统性思考方式，它可以指导我们如何规划、实施和评估一项任务或解决一个问题。掌握方法论的重要性在于它可以提高我们处理问题和解决难题的效率和准确性。世界运转越来越快，我们面临的问题也越来越复杂，需要更高效、更系统化的解决方法。如果我们有适当的方法论指导，可以更快地了解问题的本质，抓住解决问题的关键，节省时间和精力。

搜索并实现数据驱动业务机会点的方法论概括起来极其简单：首先是**抓住本质**，其次是**穷尽方法**。6.1.1 节将介绍帮助我们抓住本质的方法论——第一性原理；6.1.2 节将介绍穷尽方法的策略——爬楼梯策略。

6.1.1　第一性原理：抓住本质

"赐予我平静去接受我无法改变的事情，给我勇气去改变我能改变的事情，赐予我智慧去分辨这两者的区别。"这句话出自《哥林多前书》第十三章，也被称为"宁静祷文"，在 20 世纪 20 年代成为戒酒匿名会的一部分，并被广泛应用于各种情境，这句话也是我个人最推崇的格言之一。

如何区分我们可以改变的事情和无法改变的事情？埃隆·马斯克认为，这取决于它是否违反物理定律。他曾说过："如果你真的想做一些新的东西出来，就必须依赖物理学的方法。"他和我们这些普通人在解读他的成功时都会归因于第一性原理的思维模式。那么第一性原理是什么呢？

第一性原理是一种基于基本原理和基本事实的推理方式，它是从最基础的原则出发推导出其他结论的方法。在科学研究和工程设计中，它是非常重要的思考方式，可以帮助我们深入了解事物的本质，从而更准确地预测和解决问题。下面将从第一性原理的提出、物理定义以及技术领域对其原理的应用方面进行解析。

（1）**第一性原理的提出**：最早由古希腊哲学家亚里士多德提出。第一性原理是基本的命题和假设，不能被省略和删除，也不能被违反。欧洲之所以能够从 17 世纪开始在科学上领先于世界其他地方，很大程度上是依靠从古希腊建立起来的思辨的思想和逻辑推理的能力，依靠它们可以从实践中总结出最基本的公理，从欧几里得到牛顿，都是在寻找最简单的自然法，再用这个自然法去解释和预测世界。首先，科学家们会做大量的观察和记录；然后，尽力去提炼最基本的、无法再简化的模型；最后，用这些元模型构建更复杂的模型来拟合客观世界。

（2）**第一性原理的物理定义**：第一性原理在物理上是指，利用原子核和电子相互作用的基本原理和规律，借助量子力学原理，根据具体要求进行近似处理后，直接求解薛定谔方程的算法。因薛定谔方程是量子力学最基本的方程之一，故习惯上称求解薛定谔方程的算法为第一性原理。利用这种方法可以得到力学量取值的概率分布情况以及这个分布随时间如何变化等问题的解答。这种方法在计算机物理领域中广泛应用。

（3）**第一性原理在技术领域的应用**：埃隆·马斯克曾说："第一性原理的思考方式是用物理学的角度看世界的方式，也就是一层层剥开事物的表象，看到其中的本质，然后再从本质一层层往上走。" 在我们决定解决哪些问题以及如何解决这些问题时，他认为从第一性原理出发是最重要的，而不是通过类比的方式。在日常生活中，我们往往习惯使用类比思维，例如"其他人是这样做的"或"以前是这样处理的"，但第一性原理是让我们用物理学的视角看世界，从中发现新的东西，否则就无法创造出新的东西。最简单的例子是，更快的马和一辆车。类比的思考方式会让你寻找更快的马，而第一性原理会鼓励你从原点出发，可能会创造出一辆汽车。

第一性原理的思考方式非常适用于处理复杂问题，尤其是那些涉及多个因素、关系复杂的问题。它可以帮助我们快速判断哪些变量可以影响、哪些变量不可干预，迅速掌握事物的本质，并调动资源集中在可以干预的变量上，从而实现变化，进而更准确地预测和解决问题。在接受媒体采访时，马斯克提到："电池组一直都很贵。按照类比方式，我们通常都接受这个现实。但如果使用第一性原理的方法，我们就可以将电池组拆解成各种组成部分，并了解每种物质的市场价格。这样，我们就有机会尝试寻找更好的方式来组装电池组，从而降低其成本。这个想法一开始就是可行的（如图 6-1 所示）。"

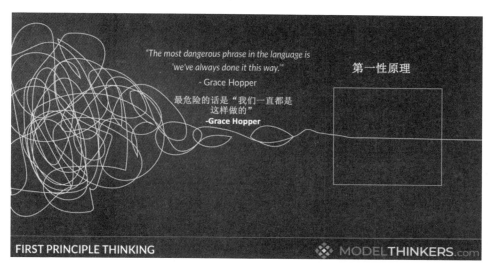

图 6-1　第一性原理

图片来源：https://modelthinkers.com/mental-model/first-principle-thinking

　　我个人受马斯克的影响，非常推崇第一性原理的思维方法。对于大多数问题，包括数据分析、业务问题的定义、议题拆解和解决方案的提炼，我都认为第一性原理是一种非常有效的方法论。

　　在 BI 分析场景中，分析师需要提炼出最基本的问题范式和业务最基本的价值主张。然后，通过一层层剥离事物的表象，揭示其本质。在此基础上，我们可以围绕最基本的问题范式、价值主张和业务的本质来判断可干预变量和不可干预的变量，提炼分析主题，并将有限的分析资源最大限度地集中在可干预且核心的变量上。

6.1.2　爬楼梯策略：穷尽方法

　　抓住本质后，就应该穷尽方法。为了保持处理信息的便利性和与他人沟通时的简洁性，我将问题分为三类：

- 第一类是未知的、探索边界型的问题，如马斯克的太阳能、SpaceX 和扎克伯格的元宇宙（Meta）。
- 第二类是没有客观标准的、依赖审美的问题，如艺术领域中的表现和完美，如米开朗琪罗、凡·高追求的"完成"。

- 第三类是已经发生过的、有边界的事情，如高考和工作中需要解决的事情。

确定需要解决的本质部分后，我们应该通过穷尽所有可能的方法来提高成功的概率。为此，我们需要保持开放的态度，对上层结构和组织方式保持开放，逐层往上走，寻求更可靠的方法。这种策略类似于爬楼梯，每个小问题就像是楼梯的阶梯，通过解决每个小问题就可以逐步达到解决整个大问题的目标。我们将这种策略称为爬楼梯策略，并将其归纳为以下六步（如图 6-2 所示）。

（1）从内部找解法，主要通过参考以往的成功经验，充分反馈成功经验的细节来找机会点。

（2）从周边找解法，主要通过标杆分析，如对比 top20% 与大盘的属性、行为、内容等差异来提炼优化点。

（3）从同领域中找解法，主要通过同领域竞争对手信息收集，推测竞争对手策略，如美国外卖巨头 DoorDash 在美国快速崛起反超 Uber 的关键是快速赢得了商家，有无可借鉴的经验。

（4）从其他企业找解法，主要指解决过同类问题的企业，如在线教育约课的师生匹配问题与网约车司乘匹配问题，在本质上都是双端市场的匹配效率，有可借鉴之处。

（5）从理论知识中找解法，类似于马斯克从书本里学习造火箭的方法，理论上是通过，剩下的就是实现问题，假设我们不受任何现状约束，那这件事情最理想的解法是什么。

图 6-2　爬楼梯策略

（6）从大自然中找解法，大自然在长期演化的过程里解决了很多设计问题，多学习蚂蚁和水牛的路径规划，也可以启发我们寻找骑手配送的最优路径。

我们可以通过第一性原理抓住问题的本质，集中解决核心的实体，避免"迷失方向"。通过采用爬楼梯策略，我们可以逐级拓宽解法的搜索范围，不断提高输出最佳解决方案的概率，避免"陷入无知"从而牺牲或妥协目标。相反，通过第一性原理和爬楼梯策略的结合，可以坚定方向并且提高效率，激发我们不断追求更高效和更优质的解决方案的动力（如图6-3所示）。

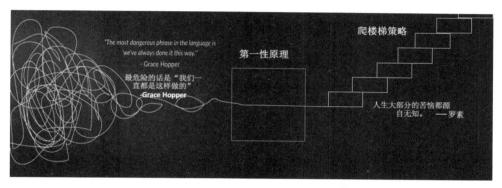

图 6-3　第一性原理与爬楼梯策略的结合

6.2 数据驱动价值主张的实现（以在线教育为例）

6.2.1　提高运营效率

在宏观意义上，教育是对于整体社会福利水平的提高影响最大的变量；在微观意义上，教育是对于个体发展福利水平的提高影响最大的变量。然而，教育资源的供给却面临着严重的不公平现象。在线教育可以部分解决这一问题，扩大优质教育资源的供给，优化教育的供应链。这个领域的发展趋势清晰明朗，技术将推动教育的进步和优化，提高内容传播的效率。新东方、好未来、VIPKID、火花思维和猿辅导等在线教育平台都是这个趋势的典型代表。它们通过规模化培训、课件化教学、在线一对一或一对多教学、开发 AI 课件等方式，打破时间和地域的限制，扩大优质教育资源的辐射范围，控制成本，提高知识传递的效率。这样的过程不断扩大了优质教育资源的供给，提高了教育公平性和整体社会福利水平。

如何进一步提高优质教育资源的供给？在线一对一、一对多教育场景下，我们一直在探索运营模式，去除对人力资源的高度依赖，转而追求边际成本更低的技术驱动业务。为此，我们不断努力提高老师、课程顾问和辅导老师的人效，以数据和技术为基础实现规模经济，少量的老师、课程顾问和辅导老师能够支持更多学生，同时确保教学和服务质量不受影响。

如何提升人效？我们以课程顾问为例，来拆解一下如何用数据来提高人效。

（1）搜索业务全流程，识别可用数据替代的业务决策点，然后用数据替代。

例如，在课程顾问环节中，需要给大量用户打电话来促进用户最终下单付款。然而，每个用户对应的转化概率取决于用户本身的渠道属性、支付能力和课上满意度等因素，因此如何在有效的时间内争取更多用户的付费，很大程度上依赖课程顾问覆盖的用户本身的付费概率。

目前，课程顾问仍然依赖自身的"业务感觉"来从大量的线索中选择要联系的用户，但这种方法存在两个弊端。首先，单个人的经验很难全面覆盖，因此大多数课程顾问会争抢少量可识别的标签用户（如转介绍渠道），导致其他同样具备转化效率的用户被忽视。其次，有经验的课程顾问和新手之间表现出明显的效率差异，导致经验积累在一部分人身上，但没有辐射到整个团队。

通过分析，我们发现用户转化概率排序是可以被预测的。将用户属性、平台行为、课程顾问属性、执行日志以及用户与课程顾问之间的交互行为和内容作为数据集，运用决策树、决策森林、逻辑回归、XGBoost 等模型（详见 5.3.6 节中常用的算法模型）输出用户 ID 粒度的转化概率，即可确定用户的转化概率。然后平台可根据转化概率和销售效率将用户匹配到课程顾问，并让课程顾问按照平台给出的用户排序进行拨打电话，以获取更高效率的用户付费转化。接着，我们进行了实验来测试这一策略的效果，并验证了我们的假设。

对于那些可描述、有边际且大量发生的业务动作，通常基于算法的策略是"全信息决策"，即算法基于学习所有人成功经验来输出排序和建议，这种方法的准确率比单个人单点的经验积累要高。通过平台识别出的基于全信息的数据决策来替代依赖经验的人工决策，不仅可以提高业务执行的效率，还可以同时提高准确率。

（2）提炼领域内最佳实践，并将其复制到平台，提高整体效率。

比如，在提高用户付费转化率的过程中，我们可以学习优秀课程顾问的经验，并将可描述和可复制的经验推广到整个团队，并输入到平台系统中。通过比较最高效的头部的 10% 和腰部的 10%，比较用户属性、用户行为、课程顾问属性、课程顾问行为、课程顾问与用户交互行为和内容，我们可以识别争取用户付费的最佳实践（如图 6-4 所示）。

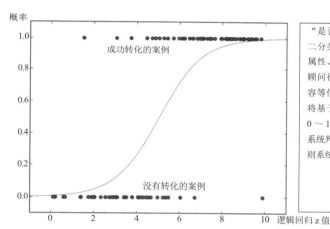

"是否付费"的业务决策可以理解为个二分类问题。我们用已知信息，如用户属性、课程顾问属性、用户行为、用户顾问行为，以及用户与课程顾问交互内容等信息作为自变量输入模型中。模型将基于这些输入信息为每一个用户输出 0～1 的概率值。如果概率值接近 1，则系统判断转化概率高；如果概率值接近 0，则系统判断转化概率低。

图 6-4　逻辑回归可视化截图

在火花思维和 VIPKID，我们比较过头部的课程顾问和腰部的课程顾问的跟进行为和沟通内容，发现头部的课程顾问具有两个明显的特点。首先，他们回复时间更及时，联系用户的时间更合适。其次，他们的话术有结构性的差异，头部课程顾问了解用户首要解决的是知识获取问题，所以他们的内容主要围绕课程质量相关的沟通展开。而腰部课程顾问的对话主要关注价格相关的促销和活动等信息，这暗示他们对承担的职责理解是关注价格。

我们便将这些知识提炼出来，并推广到整个平台，以提高整体效率。首先，我们与业务部门沟通分享头部领域中的最佳实践经验，如跟进节点的规则、跟进对象的筛选、跟进内容的判断等，以降低团队内部经验差。其次，我们将这些信息嵌入系统中，以规则驱动和信息可视化的方式，使更多的课程顾问可以在更合适的节点跟进更合适的人群，并使用更容易促成付款的话术。

这样，我们可以通过数据替代人工决策来提高整体业务流程中的决策效率，并通过最佳实践的提炼和共享来提高整体业务团队决策的效率。通过数据驱动，课程顾问的人效可以得到显著提升。

6.2.2　提高学习效果

实现在线教育资源的规模化的前提是不折损学习效率，这也是在线教育企业价值主张的核心之一。在线教育企业在追求规模化效率的同时，不断探索提高学习效率是必不可少的。然而，在实现规模化并提高师生比的前提下，持续提高学员的学习效率是一项重要的挑战。

为了解决这个问题，第一步是了解现状并识别问题。在线教育企业可以通过分析转化率、退费率、续费率、转介绍率和用户评价等大量数据，结合用户调研，确定学员是否面临学习困难，以及这些困难是否影响了他们的付费、持续学习和续费意愿。如在 K12 领域中，通常"坐不住""学不会"，家长"看不到效果"是造成学员体验低的主要原因。

1. 坐不住

由于学习——反人性的固有特征，几乎所有阶段的产品都会面临坐不住、注意力不集中等问题，其中 K12 最为严重。通过爬楼梯跨领域搜索最佳实践，定位到游戏。游戏的核心特征与教育的核心特征刚好相反，它是参与游戏的人在宏观叙述的问题框架里自愿解决难题。是否可以移花接木？

首先，是课件的设计引入游戏化特征，整个课程是在一个宏伟的宇宙观下进行，有固定 3 个或 4 个主要角色在这个宏观宇宙观下接受任务解决难题，学习以闯关的方式进行。

其次，整个课件的底层技术采用游戏引擎的底层技术，比如 COCOS 等，代替之前的 PPT 翻页，体验更为流畅。

最后，课上交互和课后作业、测试等任务以游戏化的机制发布，赋予学习任务宏达的意义，结合积分、等级等激励体系，使学业具备有意义的目标、可预期的成功、明确的规则、及时且公平的反馈等特征，提高学员的参与度与完成度。在此过程中产生了大量的行为数据，作为我们不断优化迭代的事实基础。

于是"游戏＋学习"的游戏化学习已经变成业内接纳度比较高的解决方案。

2. 学不会

这个问题又可以拆解为科学评价、教师干预和营造学习环境。

1）提高评价的科学性

评价可以分为结果性评价、形成性评价，以及诊断性评价，提高评价的科学性有较成熟的理论模型可以调用，如 CTT、 IRT 和 BKT 等。

- **结果性评价**类似考试成绩，检验知识点的积累是否符合预期，对应的具体的优化措施是，通过数据分析提高每个题目的信度、效度，提高每个测评的信度、效度，提高结果性评价的科学性。

- **形成性评价**关注过程，即学生解决问题的思维过程，需要可视化解题过程，每个学生的答题完成率、准确率、答题时长，特别是答题过程中的拖、拉、拽，是否试错、试错几次等过程行为来可视化。

- **诊断性评价**是对比该学的和没有学到的差异，识别学生卡住的知识点，老师和智能脚手架可以及时介入并纠正，结合学生的课中答题行为和作业、测评中的答题行为与结果，识别每位学生的知识点卡点和最近发展区（学生通过协助可以克服的难度）。

提高评价的科学性这个环节，依赖大量的统计检验，具体涉及的模型有经典测量（Classical Test Theory，CTT）模型、项目反应理论（Item Response Theory，IRT）模型、贝叶斯学生知识追踪（Bayesian Knowlege Tracking，BKT）模型，可以用来提高评价、诊断的精准度。

- **经典测量模型**：最传统的老师测评分析模型，核心假设是测评分数与真分数之间的一种线性关系，将学生能力与试卷题目的情况综合输出，关注个体在群体中的分布，主要输出测评的信度、效度、难度、区分度等参数。

- **项目反应理论模型**：这里的"项目"可以理解为试卷中的题目，"项目理论"可以理解为考生在题目中的作答，项目反应理论是建立在学生能力和作答正确率的关系上的，主要用来分析测评或者问卷，广泛应用在心理统计领域，目标是来测量独立于题目的难度、区分度、猜测性的，潜在的心理特征，如考生的能力。

- **贝叶斯学生知识追踪模型（BKT模型）**：根据学生过去的答题情况，推断出学生当前的知识状态，并计算出以下概率：学生掌握某个知识点的概率、学生没有掌握某个知识点但能够正确作答的概率、学生掌握某个知识点但无法正确作答的概率。最终，这些概率被用于输出学生在当前时刻掌握某个知识点的概率。BKT模型在个性化学习、智能辅导等领域有广泛的应用。

将现有的教育领域知识和模型与互联网数据技术相结合，以推进"学不会"模块的效率提升至关重要。

2）提高老师干预的科学性

学习结果的形成并不仅仅基于当下自己的理解水平。相反，它需要通过与老师和同学的沟通，认识自己的理解水平以及未理解的事物，并将其内化为自己的知识。

为了提高教学效果，我们通过问卷调查和与家长沟通，结合学生在课堂上举手、发言和答题等行为数据，判断学生的认知风格和动机水平。这些信息帮助教师确定是否需要干预、何时干预以及如何干预，从而提高教师的干预效率。当然，我们首先需要确保课件知识点设置、课中问题难度和知识点构成、作业和测评体系对于知识点的组织和呈现是连贯的、符合认知科学和教学目标的。这是所有学习活动的科学基础。

- **知识图谱**：学生需要掌握的知识点依赖于知识图谱的建设，需要教研团队课件知识点标签管理，这是帮助我们建立对学生知识结合的预期的基础。
- **最近发展区**：通过课时问题、测评结果、作业结果、答题准确率、答题时长等数据来判断学生已经掌握的知识点和通过老师或系统指引可以进一步发展到的掌握水平。
- **认知风格**：认知风格有较多的分类，可以通过分类模型归类，常用的类别有场独立和场依赖、冲动型和沉思型、同时加工型和继时加工型。不同的认知风格对应不同的认知学习策略。
- **动机水平**：可以通过家长评价、学生课上行为统计、教师评价等数据来输出学生的动机水平。学生的动机水平会在很大程度上影响学生的学习意愿从而直接影响学习效果。

要提升干预策略，可启用分类模型来生成认知风格、动机水平的信息标签，作为制定学习策略的基础向量，并通过大量的实验设计来生成并优化老师的干预策略。

3）营造良好的学习环境

为了营造最有利于提高学习效率的学习环境，需要了解学习环境的构成并选择合适的教学模式。在 K12 小班授课中，可以选择强调学习效率的分层教学模式或合作式学习模式。

分层教学模式：通过分析学生属性数据、学习行为数据、测试过程与结果数据来识别学生的知识水平和学习能力，将知识水平和学习能力相似的学生分在同一班级，从而缩短学生等待时间，减少老师的干预成本，提高整体教学过程的流畅性。但是，这种模式可能会导致中低水平学生受益较少。

合作式学习模式：通过分析学生属性数据、学习行为数据、测试过程与结果数据来识别学生的知识水平和学习能力，将知识水平和学习能力相似的学生分在同一班级，从而缩短学生等待时间，减少老师的干预成本，提高整体教学过程的流畅性。但是，这种模式可能会导致中低水平学生受益较少。

是竞争还是合作？精英教学还是互惠学习？选择合适的教学模式需要考虑教学目的和学生的实际情况，并结合经典测评模型、项目理论模型和贝叶斯学生知识追踪模型，通过学生在课前、课中、课后的学习过程与结果数据进行分析，提供更为精准的分班支持，提高效率或促进合作。

3. 没效果

上课到底有没有效果？我们将这个问题归结为价值传递策略的问题，从用户可以感知的环节传递"学习效果"。

- 在课上场景设计中融入日常生活元素，让学生在离开课堂后的线下生活中也能体现学习成果。例如，孩子之前只会用手指指着喊"我要！我要！"来表达心仪的玩具，经过加入生活元素的课程教学后，孩子再看到心仪的玩具时会说，"左边数第三个，从上数第四个"。

- 在题目设计中交叉融入与学科教育和竞赛题目有映射关系的题目，协助家长更好地映射学生在素质教育和应试教育两个教育体系中的提升。例如，测评中的题目可以映射到奥赛级别，通过考察多少人答对该题和该题的难度系数来映射学生的应试能力。

● 改变运营同学与班主任沟通策略，将沟通节点从关注续费和转介绍扩充到与专业测评等学习情况相关的节点，沟通内容从依赖业务经验的发挥转变为通过语义分析提炼出的学习情况相关内容与学习诊断、教师干预等具体的学生学习情况。通过文本分析对比沟通效果好和差的运营同学的沟通内容，提炼沟通最佳实践。此外，需要结合学习诊断、干预策略等具体统计信息来丰富对话内容，并通过 A/B 测试来迭代沟通策略。

综上所述，我们需要从业务线中搜索可能的机会点，利用数据结合领域知识提炼可能的解决方案。我们的目标是干预可干预的问题，改善能改善的情况，让学生充分发挥各自的潜能。

6.3　数据驱动价值主张的实现（以外卖业务为例）

6.3.1　外卖平台的出现是社会的进步

在美团、百度、饿了么出现之前，外卖模式就已经存在，只是以有店家电话号码的客户与该店家范围内的供需匹配、店家服务员或老板亲自送餐的模式存在。通过将用户、商家的信息平台化，并由骑手来解决配送的模式，将线下的餐饮选项尽可能完整地迁移到线上来，用户的选择范围变大，潜在需求被释放出来，商家的订单渠道变多，潜在供给能力被释放出来。

此外，外卖平台提供的 5 元到 7 元的配送价格吸收了以百万计的空余劳动力，增加了社会就业。社会发展的特征之一，便是进一步细分的分工。如果交易是自愿的，那么除非双方都认为自己可以从交易中获益，否则交易不会发生。有支付能力的用户使用其支付能力来换取服务，用户可以节省时间，提供服务者可以增加收入，这便是一个互惠的交易。

外卖模式的扩张，确实伴随着一些新的社会问题，例如大量外卖配送一次性包装带来的不可降解的垃圾加剧了环保问题，同时骑手的生活尊严、行车风格等也带来了安全隐患。然而，本质上它依然是一种提高社会交易效率的进步模式。

6.3.2 多、快、好、省

亚马逊创始人贝佐斯认为，要想在未来十年保持竞争优势，电商平台必须坚持提供最大选择、最低价格和最快配送的品质范式。这些标准是稳定的、基本的特征，因此每个电商平台都应该在"多、快、好、省"这四个方面来提炼创造的价值。

同样地，外卖服务也可以用"多、快、好、省"来描述它的竞争力。将外卖归为服务零售，我们可以在这四个方面来提炼外卖创造价值的方式。每个外卖平台都需要在这些方面寻求优势，谁能以更低的成本、更高的效率提供"多、快、好、省"的解决方案给用户，谁就有更大的机会在竞争中获胜。

外卖业务模式映射到"多、快、好、省"的价值公式上，便可以提炼出每个价值主张对应的业务模块。我们再基于当前的业务的核心价值主张（例如突出"快"的特征，追求快速出餐和配送），将有限的资源倾斜到当前核心价值主张对应的业务模块优化上。谁能以更低的成本、更高的效率提供"多、快、好、省"的解决方案给到用户，谁就有更大的概率在竞争中取胜。

1. 将价值主张与业务模块对应起来

这样我们便知道为了提升某一个特定的价值主张，我们应该具体关注哪个业务模块。在外卖业务场景下的价值主张"多、快、好、省"对应业务模块（如图 6-5 所示）。

- "多"：这个价值主张可以对应商家多、品类多、品牌多、菜品多的服务特征，可以通过商家获取、商家管理来实现。

- "快"：这个价值主张可以对应出餐快、配送快等服务特征，可通过商家管理接单和出餐时间，平台分单 / 派单引擎优化、骑手配送路径优化、骑手招募、骑手管理来实现。

- "好"：这个价值主张可以对应菜品、包装、骑手服务等服务特征，可通过管理商家服务水平、管理骑手服务水平来实现。

- "省"：这个价值主张可以通过性价比高，菜品价格、配送价格比竞争对手低等方式体现，可通过商家的菜价管理、用户补贴策略、商家补贴、定价策略的调整来实现。

价值主张	多	快	好	省
服务特征	商家多、品类多、品牌多、菜品多	出餐快、配送快	菜品、包装品质高，骑手服务体验好	性价比高；菜品价格低、配送价格低
业务模块	商家获取，商家管理	商家管理接单和出餐时间，平台分单/派单引擎优化、骑手配送路径优化、骑手招募、骑手管理	管理商家服务水平、管理骑手服务水平	商家的菜价管理、用户补贴策略、商家补贴、定价策略

图 6-5　在外卖业务场景下的"多、快、好、省"

2. 识别各个价值主张对应的业务模块下的效率提升点

1）多

通过提高商家获取的效率，得到更多的商家、更多的品类、更多的品牌、更多的菜品，可以通过数据来优化获取策略、销售效率、平台效率、商家生命周期管理四个业务点（如图 6-6 所示）。

- **获取策略**：通过销售人员获取商家来完成，优化目标是花更少的钱、以更快的速度签到更多符合要求的店。与在线教育案例相似，首先需要识别销售签单的业务流程中可用数据决策来替代的人工决策的业务环节，提高业务系统效率，如基于跟进次数、商家反馈等销售行为日志、商家行为日志、销售与商家交互日志预测商家签约概率，协助销售制定跟进策略。

- **销售效率**：不断进行头部销售和腰部销售对比，提炼最佳实践，识别可复制的实践，并将提炼的知识嵌入 CRM 等销售系统里，从产品端提高效率；找出高效销售的关键动作，指标化跟进，形成有效的过程动作约束，提高执行的确定性；并辅以持续地识别出好的销售作为团队标杆做分享，输出经验，使那些有意愿想做好的销售知道从哪里入手提高。

- **平台效率**：制定大盘的竞争策略，如争取一线城市、二线城市等，并结合前置的城市、区域级别的供需诊断，基于线下区域的用户需求密度、线下商家密度、竞争对手分布、该区域内用户的品类、品牌偏好，输出需要签商家的城市、区域优先级，具体到城市、区域、品类、品牌和店铺，结合竞争策略与诊断结果，分派销售任务，以销售所签店铺的总量平台效益最大化为目标，精细化管理销售资源，追求全局收益最大化。

- **商家生命周期管理**：新商家减去流失的商家之后才是平台增量的商家，获取新商家的同时，需要尽可能减少已有商家的流失，商家作为核心的交易参与方，需要作为群体来对待，用商家生命周期的框架，监测注册、激活、留存、活跃、沉默、流失等各阶段，注意识别各环节核心可干预变量来改善商家效率和体验提高其整体留存时间。

图 6-6　价值主张：多

2）快

通过数据驱动缩短商家出餐时间，优化分单 / 派单引擎的效率，提高骑手招募与管理的效率来提升（如图 6-7 所示）。

- **商家出餐时间优化**：首先，需要对商家的运营情况进行监测，以实际出餐时间与预计出餐时间的统计为基础，提高出餐时间准确率。同时，通过与商家沟通平台对商家接单时间、出餐时间的预期，缩短接单、出餐等待时间。对于多平台运作的商家，可以根据商家质量得分，善用流量、补贴等平台资源杠杆，获取高质量商家的提前出餐权，从而获取用户认知中的"比竞争者出餐快"的优势。同时，及时识别服务质量差的商家，并通过教育、引导或剔除等方式减少极差体验。

- **分单 / 派单引擎优化**：通过优化分单、派单引擎，结合当年业务目标，通过优化和迭代分单、派单的策略，如分单范围、订单价值、订单数量、拼单等策略优化，提高全局总体的价值产出。同时，有效的路径规划可以确保地图及时反映线下信息，并及时识别骑手侧的异常行为或差行为，汇报到平台，提示运营尽快纠正。

- **骑手招募与管理**：基于对目前供需关系的诊断，结合对接下来一段业务周期内单量的预期，制定骑手招募目标。对于那些用户需求密度和商家密度都相对高，但骑手密度低的区域，可以优先倾斜资源招募骑手、提高骑手活跃率、提高骑手在线时长、提高骑手每小时配送效率。对于那些骑手密度高，但每小时效率低的区域，可以结合配送定价与补贴策略，提高骑手供给的柔韧性，即需求突然上升时可快速调动更多骑手满足需求。

图 6-7　价值主张：快

3）好

通过数据量化"好"的体验、归纳体验要素类型和剔除"差体验"来提升用户的整体体验（如图 6-8 所示）。

- **量化"好"的体验**：通过数据分析和模型提效的方式，将用户、商家和骑手的体验关键业务节点提炼出来，辅以用户调研，将"好"的体验映射到具体的业务环节。通过转化率、留存率、流失率等业务环节的专题分析，结合评价分析，可以更好地理解用户、商家和骑手的体验。

- **归纳体验要素类型**：结合 KANO 模型，区分出体验要素的类型，重点改进被归为期望型功能的业务环节，避免将资源无节制地用在用户感知不到体验差异的业务环节，又或者是体验值已达到用户体验的期望，再提高该环节的质量并不能带来用户体验提升的环节。
- **剔除"差"的体验**：及时识别并治理尾部商家和骑手，引导其提高服务水平，减少极差体验。同时，及时提炼头部商家和骑手的最佳实践，输出给大盘，提供整体大盘服务水平。

通过以上方法，可以不断地提升管理商家和骑手服务水平，从而实现"好"的体验。

价值主张	好
服务特征	菜品、包装品质高，骑手服务体验好
业务模块	管理商家服务水平、管理骑手服务水平
数据驱动	量化"好"体验、归纳体验要素类型、剔除"差"的体验

图 6-8 价值主张：好

4）省

省的业务模块与数据驱动议题高度一致，通过提高商家的菜价管理、用户补贴策略、商家补贴和定价策略的效率，用尽可能少的资源投入实现高性价比的用户认知（如图 6-9 所示）。为了避免不可持续的策略，需要尽可能减少"烧钱"打价格战等行为。

- **管理商家的菜价**：使用爬虫获取多个平台的商家菜价信息，并定期对比，以教育和管理的方式约束商家，确保本平台菜价低于或等于其他平台。

- **优化用户补贴策略：** 假设商家和骑手服务质量短期内是稳定的，可以通过提高补贴使用效率来获取更多的用户和订单。为了提高补贴使用效率，需要确定何时发放、发给谁、发多少、通过什么渠道、发送什么内容以及设置多长的核销期。为此，可以基于历史数据识别用户决策时间窗口，通过算法模型输出用户留存、流失和下单的概率排序，并结合业务经验设计实验来分析历史数据并提炼典型的渠道、内容和核销时长类型，以提高效率提升空间。

- **撬动商家补贴：** 为了提高用户让利程度，可以通过平台补贴、撬动商家补贴或通过平台给予商家一部分补贴来撬动商家更多的补贴等方式实现。为了优化这些策略，可以使用算法模型获取商家提出补贴的概率排序，并优先争取出补贴概率高的商家。不过，需要注意，这一策略一般有一个较大的前提条件，即商家更需要平台而非平台更需要商家。

- **优化定价策略：** 通过不同的补贴力度实现差异化的定价，以达到让利深度相同，但用户感知更加"省"的效果。这可以通过补贴价格辨识度高、价格刚性较强的品牌或单品来实现。例如，麦当劳的价格刚性比某家烤肉店强，因此，即使麦当劳和某家烤肉店都对用户提供了 10 元的补贴，用户对于这两种情况的感知和记忆会有显著的差异。

图 6-9　价值主张：省

至此，我们便通过确定业务的价值主张，并拆分到服务特征与对应的业务模块，再用数据驱动来扫描业务提效点，获得数据驱动实现多、快、好、省价值主张的数据驱动规划（如图 6-10 所示）。

价值主张	多	快	好	省
服务特征	商家多、品类多、品牌多、菜品多	出餐快、配送快	菜品、包装品质高，骑手服务体验好	性价比高；菜品价格低、配送价格低
业务模块	商家获取，商家管理	商家管理接单和出餐时间，平台分单/派单引擎优化、骑手配送路径优化、骑手招募、骑手管理	管理商家服务水平、管理骑手服务水平	商家的菜价管理、用户补贴策略、商家补贴、定价策略
数据驱动	优化获取策略、销售效率、平台效率、商家生命周期管理	商家出餐时间优化、分单/派单引擎优化、骑手招募与管理	量化"好"体验、归纳体验要素类型、剔除"差"的体验	管理商家的菜价、优化用户补贴策略、撬动商家补贴、优化定价策略

图 6-10 价值主张：多、快、好、省

通过数据驱动来实现"多、快、好、省"的外卖业务的价值主张，不仅可以提高平台的效率和用户体验，降低成本，还可以提高竞争力，从而实现可持续发展和长期价值的创造。

/ 第 / 7 / 章 /

专题：盈利

要确定你能赚到钱。

在给创业者的建议时，阿里斯塔尔·科罗尔·本杰明·尤科维奇在精益数据分析中提出三条：

（1）做你擅长的事。问自己，是否可以让这件事情按自己希望的方式做好，应该尽量避免进入自己没有优势的领域，否则强敌环伺，举步维艰。

（2）想明白你是不是真的喜欢这件事情。只有对创业愿景深信不疑，才能坚持到底，才能穿越周期。

（3）要确定你能赚到钱。当然，我们并不认为所有创业者都是以赚钱为目的的，有些人可能是想做一些公益，更多人是希望世界变得更美好。但为了有所成就，就需要确认你是否看准了一个真正有需求的市场，而你有能力从客户那里拿回足够多的钱，就是你所传递给客户的价值的直接体现。并且你不必花太多成本就能获取这些客户，且客户的规模和收入的规模可以持续扩大。

这三条里面，能否赚钱才是最本质的问题。因为第一条和第二条，或多或少是自己内部的问题，而第三条，是你和你的客户之间的问题，如果没有人为你的产品付费，你的产品不太可能从根本上提升公司的利润，那就应该继续寻找。

有一个词可以帮助我们直观地了解盈利能力的重要性，这个词就是暴雷。暴雷，词典上的释义是突然的响雷，但近几年变身为网络俗语，泛指资金链断裂引起的企业清算的现象。一开始只是作为金融术语，指一些 P2P 公司因为逾期兑付或经营不善问题，未能偿付投资人本金利息，出现平台停业、清盘、法人跑路、平台失联、倒闭等问题，后因长租公寓、教培机构等其他业务领域也接连出现因经营状况恶化、创始人跑路、机构"人走楼空"的事件频繁发生，于是"暴雷"这个描述就自然地泛化到了整个互联网行业，泛指由于资金链困难引起的经营困境甚至企业清算的局面。随着新冠疫情和国内经济增长速度趋缓等宏观经济环境的变化，"暴雷"越来越频繁，暴雷名单"格调"也越来越高，我们越来越频繁地看到那些曾经被明星机构追捧的"独角兽"，在疯狂扩张之后资金链断裂、举步维艰的情况。

"每卖出一单，就多一份债。规模越大，债越多。"如果企业的单位经济效益为负值，则确实是每增加一单，就多一份负收入。随着行业积累的经验越来越多，商业模式也越来越成熟，早期互联网"烧钱"获得规模、再找盈利方式的商业模式，已经在很大程度上被更谨慎、理性、可持续的商业模式所替代。融资的能力固然是重要的，但是造血的能力才是一个商业模式可行、一个企业可以健康发展的更重要的标志。

如何通过数据来衡量企业的盈利能力是否健康？以及如何通过数据去提高企业盈利的能力，来帮助企业实现更健康、可持续的发展呢？

本章会先讲盈利能力分析，具体讲解传统的盈利能力分析和互联网的盈利能力分析的异同点；再讲互联网公司如何拆解盈利能力，如何制定合理的增长目标，如何通过数据去提高业务结果，如何分析净利、毛利并寻找可干预的变量来改善盈利结构。

盈利能力分析

7.1.1　传统的盈利能力分析：赚更多钱

盈利能力不是一个新的概念，它对于传统企业来说重要地位不言而喻。它不仅仅是实际收益的综合性描述，也包含面对未来异常情况或行业不确定性时仍然可以持续稳定发展的可能性的信息。健康的盈利能力是好的商业模式、健康的企业，区别于一般的商业模式、一般的企业的重要特征之一。探讨新业务的盈利能力分析之前，为了更直观地了解新业务和传统业务的异同点，我们先快速了解一下传统的盈利能力分析是什么样的。

盈利能力通常是指企业获取利润的能力，表现为一定时期内企业收益数额的多少及其水平的高低。传统意义上的盈利能力分析主要由财务分析师完成，主要关注商品的盈利能力、资产盈利能力、资本盈利能力，分别介绍如下。

（1）商品的盈利能力：主要关注毛利率、净利率、营业利润率等指标，其中：

- 毛利率 =[(销售收入 – 销售成本)/ 销售收入]×100%，反映企业产品销售的初始获利能力，是企业净利润的起点，没有足够高的毛利率便不能形成较大的盈利。

- 净利率 =(净利润 / 销售收入)×100%，反映企业每 1 元销售收入带来的净利润，表示销售收入的收益水平。

- 营业利润率 ＝ (营业利润 / 销售收入)×100%，强调主营业务对盈利的贡献情况，排除了投资收益、补贴收入及营业外支出净额等不稳定的收入的干扰，反映公司盈利能力变化及不同公司盈利能力的差别。

企业在一定时期的利润总额与产品销售净收入的效率，反映的是企业在一定时期内销售商品获得利润的能力。商品盈利基线主要受商业模式、行业竞争环境以及企业本身的运营效率影响。如果盈利能力水平显著高于同行业，说明企业产品附加值高、用户愿意支付溢价、公司有明显的竞争优势。同等情况下，一般认为盈利高的企业创造利润的能力和应对复杂环境的能力更强，企业更健硕。

（2）资产盈利能力：主要关注资产收益率。

资产收益率 =(净利润 / 平均资产总额)×100%

=(净利润 / 销售收入)×(销售收入 / 平均资产总额)

= 销售净利润率 × 资产周转率

描述企业运营资产创造利润的能力，资产收益率高意味着企业投入产出水平高、成本控制的水平也更理想，提高净利润水平或资产周转率都可以提升资产收益率。

通常资产盈利能力依不同行业而表现出较大的差异性，轻资产行业领域的企业表现出较高的资产盈利能力，而重资产行业领域的企业表现出较低的资产盈利能力，在分析一个企业的资产盈利能力时首先要与同行业的竞争对手去做对比。

（3）资本盈利能力：主要关注净资产收益率。

净资产收益率 = 净利润 / 平均所有者权益总额 ×100%

=(净利润 / 平均总资产)×(平均总资产 / 平均所有者权益)×100%

=(净利润 / 平均总资产)/(1- 平均资产负债率)

衡量公司对股东投入资本的利用效率。净资产收益率高，说明较少的钱换来了较高的利润，表示每 1 元股东资本赚取的净利润，反映资本经营的盈利能力越高，资本撬动的增长的边际获利效益越高。

通常会用杜邦分析方法拆解各层级的指标，并通过与过去对比，与同行业其他企业对比商品销售盈利能力、资产经营盈利能力、资本经营盈利能力的方式来衡量一个企业的综合盈利能力，以企业经营利润最大化为分析目的，也作为投资者衡量管理团队的重要依据。

7.1.2　新业务的盈利能力分析：赚1块钱

接下来,我们再一起看一下互联网行业新业务的盈利能力分析的特殊性有哪些。

相对于以企业经营利润最大化为目的的分析，BI 团队支持互联网行业新业务的盈利能力分析更多是聚焦在"商业模式"是否成立，业务是否可持续运营，影响业务盈利能力的关键业务环节有哪些，是否有对应的解决方案。简单讲就是需要协助老板看清运营结构，协助判断当前商业模型能不能跑通，企业到底能不能赚到钱。

活着才有希望，或者说活着就有希望，这也许是这个行业最基本的参与规则。很多互联网初创企业都是行走在"无人区"，尝试那些没有人做过的事情。那些从理论上看业务是可行的，但目前还没有人实现过的业务议题，充满了不确定性。企业需要通过验证产品力、赢得用户、占领市场、找到盈利模式，而后进一步扩张来实现增长，每一步都可能是生死线。如本章开篇时提到的，虽然也有过野蛮增长——投大钱买用户再找盈利模式的"美好时代"，但"资金链断裂""暴雷"确实也不再是新鲜的词汇。

"2002年阿里巴巴要赚1块钱！"2002年年初，马云和关明生上了玉泉山顶喝茶，讨论阿里巴巴2002年的目标，关明生提出2002年实现全年收支平衡，马云说，要赚1块钱。当时的阿里巴巴主要做B2B的生意，还属于初创阶段，也曾几度面临生死存亡问题。2001年是阿里巴巴最艰难的一年，互联网整体业界低迷，纳斯达克泡沫破灭，股价一泻千里，一直到2001年年底，阿里巴巴的会员人数突破100万，现金流第一次迎来盈余，才得以见到一丝曙光。

为什么是赚1块钱？因为全年算账赚1块钱就是盈利，对于互联网创业企业而言，这就意味着切进去的市场是真实存在的，产品传递的服务是有价值的，意味着业务是有造血能力的。对于很多互联网公司而言，能养活自己了，就是质变的时刻。

为了实现这个目标，阿里巴巴启动了大规模的业务收缩，关掉国外办事处，不花钱投放广告，出差也只住三星级酒店，2002年12月阿里巴巴实现全年收支平衡，2003年的目标是每天收入100万元，2004年的目标是每天盈利100万元，2005年的目标是每天缴税100万元。

之后的创业公司关注盈利要比阿里巴巴更早，BI分析如何协助业务尽快实现盈利？盈利模式是需要基于商业模式结合发展阶段来确定的，这个阶段的问题本身还是非常开放的，但我们发现三个比较确定要做的任务：任务一是制定合理的业务目标；任务二是增长结构优化；任务三是单位经济效益优化，最典型的场景便是毛利上岸。

7.2 制定业务目标

7.2.1 制定目标的"格栅思维"

制定业务目标这一任务自带一些"玄学"的特征。相较于其他可以按规则计算出的准确的事实性指标，业务目标因为没有一个统一的公式可以推导出绝对准确的单一值，企业往往会面临老板和下级业务负责人的基数十分发散但又没有标准可循的状态。然而，业务目标对于业务发展强度和验收后的资源配置会产生直接的影响，因此制定合理的业务目标仍然至关重要。

为了解决这个问题，我们可以借鉴投资策略中的"格栅思维"。格栅思维由查理·芒格（Charlie Munger）提出。作为沃伦·巴菲特（Warren Buffett）的好友和合作伙伴，在伯克希尔·哈撒韦公司的管理和投资决策中扮演着重要角色的芒格，以他的思维深度和广度而闻名，善于使用多学科知识来分析和解决问题。他在分享自己的投资决策时，多次强调帮助他做出是否投注的时候，很重要的一项决策策略便是启用"格栅思维"。

在芒格看来，将不同学科的思维模式联系起来建立融会贯通的格栅，是投资的最佳决策模式。用不同学科的思维模式思考同一个投资问题，如果能得出相同的结论，这样的投资决策正确的概率就会相对较高。懂得越多，理解越深，投资者就越聪明智慧。"你的头脑中已经有了许多思维方式，你得按自己直接和间接的经验将其安置在格栅模型中。"便是芒格的多次重复给出的投资建议。

为了更直观地了解格栅思维，我们先来看两个通常在强调集体智慧的时候会提到的两个经典案例。

第一个是普利茅斯竞猜牛的重量。100多年前的一天，一位英国科学家弗朗西斯·高尔顿（Francis Galton）离开的位于普利茅斯的故乡的乡村集市正在举行猜重量赢大奖的赛事。一头公牛在展台上，大家纷纷猜测这头牛的体重，并对此下注。当赛事结束，奖品分发完毕后，高尔顿买了所有的参与者猜测的纸，然后计算了平均值。结果是这个群体猜测的牛的净重为1197磅，而牛实际净重为1198磅。

第二个是哥伦比亚商学院竞猜糖果的数量。2007 年，格雷厄姆和巴菲特的母校哥伦比亚商学院进行了一个有趣的实验。老师在玻璃罐中放满了糖果，让课上的学生来猜测玻璃罐中糖果的数量，猜测构成中不互相沟通，也不能分享答案，然后记录了每个人答案，算出了平均值。这个实验总共有 73 个学生参加，算出来的平均数是 1115 颗，在这个实验中糖果的实际数量为 1116 颗。

此外，密歇根大学复杂性研究中心"掌门人"斯科特·佩奇，在《多样性红利》**中便强调**，个人应注意掌握尽可能多的领域知识，鼓励跨学科阅读，积累更多的思维启发式。集体应尽可能让团队具备准确多样的模型，具备不同专业知识的人群在独立思考的前提下，应尽可能集思广益提高解释的准确率和解决问题的概率，进而提高对未来预测的准确率。

当引入足够多元、独立决策的群体时，该群体达成的共识对应的准确率是相当高的。如果我们引入足够多"独立的见解"，提高领域专家的参与度，那么各领域专家的判断会接近事实，而其他随机的猜测会相互抵消，总体共识就会偏向事实。关键是要引入足够多元的、数量足够的、有专业领域私人信息的参与者，并确保决策过程是独立思考的，然后输出集成化的解决方案。

这种策略实际上是"集思广益"的一种实践。通过让自己的脑子里不同的模型"集思广益"，将概念化的思想最大化地利用，扩大搜索解决方案的人群范围，各种背景的人可能会以不同的方式看待世界，这样我们就不会被局限于自己提出的假设，也更有机会找到一个能够解决问题或者取得重大突破的人。

因此，在预测业务目标时，即使时间紧张，我们也应该努力从多个方向进行预测，常用的预测方法有四种：拍脑袋、模型预测、业务逻辑测算以及业务模块测算。然后，对它们之间的异同点进行充分的讨论和推演，从而提高预测的确定性。

7.2.2　目标预测的模型类型

接下来，我们来具体了解一下构成格栅的子模型。不同行业和业务属性以及公司发展阶段会采用不同的业务目标预测方法。在这里，我们重点介绍互联网初创企业或新业务常用的三种预测方法：基于经验的判断（即拍脑袋）、基于模型的判断（如 Prophet 等时间序列模型）以及基于推演的判断（如业务均值估算等）。其中，基于业务均值的估算可以分为基于业务模块的估算和基于业务环节效率的估算。

1. 基于经验的判断：拍目标

当老板让你预测明年订单时，他很可能已经有一定的预期。虽然不知道具体数字是多少，但老板心中有谱。

"拍"是最传统的定标方式。有个笑话是这样的：在定目标时拍脑袋，立军令状时拍胸脯，不能完成目标时拍屁股。但不可否认的是，有时老板的预测很准确。业务直觉是一个我们都很想剥夺并植入系统中以使平台更聪明的东西，但有时直觉是内在于人类的决策过程中的，特别是对于复杂的业务决策而言，这种经验和直觉更难以被剥夺和模拟。

凭直觉定标为什么会准呢？因为老板通常至少有三个方向的信息输入：第一个是他自己的直觉，经验和知识已经从错综复杂的业务现象中得到了积累和提炼，变成了快速的决策机制，表现为直觉；第二个是投资人提供的"建议"业务目标，例如"希望订单翻倍"或者"高于竞争对手50%"等；第三个是战略部门收集到的竞争对手的业务目标。老板的"拍"不是纯粹地拍脑袋，而是基于充分的经验和信息的快速决策，背后有对业务的敏锐洞察、投资人的期望和对竞争格局的判断。"拍"是表象，背后是基于经验和信息的快速决策（如图 7-1 所示）。

图 7-1 老板的小目标

然而，仅仅凭借"拍脑袋"显然是危险的。如果没有科学手段和方法来理解生意，仅凭经验和直觉做事情将是阻碍科学运营的第一步。这也是为什么我们需要结合更多的科学方法来辅助决策。

2．基于时间序列模型的预测（以在线教育收入预测为例）

时间序列模型是最经常被调用解决预测未来业绩表现的模型之一。该模型原理较为简单，是按照时间顺序排列的数据点的序列，通常表示为一系列的时间间隔，用于描述时间相关数据的统计学方法。基于时间序列的业绩预测有一个基本假设，即认为历史会重演。模型会学习历史数据并从中发现和揭示现象发展变化的规律，然后将这些知识和信息用于预测。广泛应用于股票价格、气象数据、经济指标等，主要用于预测未来的趋势。

涉及单量和销售额预测时，常用的时间序列模型有 ARIMA 模型（自回归集成移动平均模型）、SARIMA 模型（季节性自回归集成移动平均模型）、LSTM 模型（长短期记忆模型）、Prophet 模型等四种。

- **ARIMA 模型**：ARIMA 模型是一种广泛应用于时间序列数据分析和预测的统计模型。它可以自适应地处理趋势和季节性，并能够适应不同类型的时间序列数据。ARIMA 模型的基本思想是在自回归模型和移动平均模型之间进行权衡，以建立一个能够适应时间序列数据中的自相关和异相关结构的模型。

- **SARIMA 模型**：SARIMA 模型是一种扩展的 ARIMA 模型，它考虑了时间序列的季节性变化。SARIMA 模型通常用于预测具有明显季节性的销售数据，例如在某些月份或季度销售额高的产品。

- **LSTM 模型**：LSTM 模型是一种深度学习模型，用于处理时间序列数据。它可以捕捉数据中的长期依赖关系，并且对季节性和趋势的变化也有较好的适应性。LSTM 模型在销售预测中表现出色，并且通常用于处理非线性、非平稳和非常规的销售数据。

- **Prophet 模型**：Prophet 模型是 Facebook 于 2017 年发布的开源的时间序列预测框架，适用于具有潜在特殊特征的预测问题，包括广泛的业务时间序列问题，以及其对时间序列趋势变化点的检测、季节性、节假日以及突发事件。相对于其他传统的时间序列模型，Prophet 模型可以用简单直观的参数进行高精度的时间序列预测，并且支持自定义季节和节假日的影响。它还可以自动检测和处理异常值和缺失值。

接下来，以在线教育收入预测的场景为例，运用 Prophet 模型了解时间序列模型的实际应用。

背景： 在线教育企业预测 8 月的订单量、订单金额作为企业目标制定的输入，协助企业优化教师招聘、课程辅导老师招聘、营销投入力度的资源配置。

方法：

- 收集历史业绩数据，包括每日订单金额、订单数量、订单结构等增长类指标，输入 2018.09.01—2019.07.18 十个月的每日成单金额。
- 采用线性趋势、加法模型，考虑影响业绩的外部因素，如季节性、节假日效应等。例如，考虑国庆、春节两个 7 天长假，及"双 11""双 12""6.18"等几个特大活动，并考虑了常规的月底促销。

根据数据波动情况，确定置信区间（Prophet 默认区间为 80% ～ 95%）。如果数据的波动性较大，或者存在较多的异常值，就需要选择更宽的置信区间，以更好地反映数据的变化趋势，并通过调参得出总签单量、签单金额的预测值。

预测：

结合 8 月常规月底促销的信息，约束置信区间在 **90% 时**，如图 7-2 所示，预测 2019 年 8 月订单金额为 170 万元，对应区间为 150 万～ 190 万元，作为目标制定的基线的参考（数据仅为案例服务）。

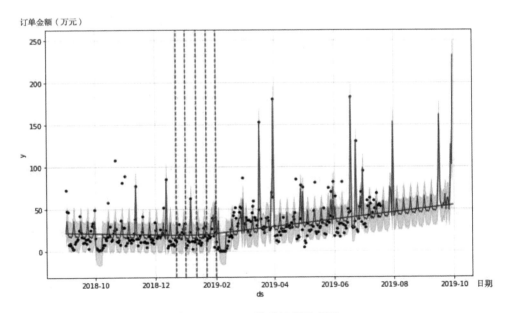

图 7-2　Prophet 模型过程示意图

风险点:

- 新业务会因数据总量过少造成周期不全,一些新活动和新的促销的预测能力波动较大,需要依据业务经验调整。

- 进行中的业务伴随持续的产品功能与线上策略的迭代,需量化新能与线上环境的效率变化对目标变量的影响,作为调整预测的输入。

如上,包含 Prophet 在内的多个时间序列模型是数据挖掘模型里较为成熟的预测模型,在需要提前调配供给侧、需求侧的相关资源的业务场景里,经常作为重要的预测信息输入来指导未来的资源配置。

3. 基于业务均值估算的预测(以外卖业务收入预测为例)

估算是经营分析师常用的归纳推演的预测方法。基于业务逻辑的理论完成值来估算业务未来可能会达成的业务规模。基于业务逻辑的估算,又可以分为横向——基于各业务模块的估算,以及纵向——基于业务环节效率的估算。

(1)横向——基于各业务模块的估算,是将业务目标拆解成它的下级子组成部分,预测各子组成部分的理论预计可完成值,再以聚合加总的方式汇总成总体的估算值。

以外卖场景为例,以 GMV 为业务目标,需要估算接下来一段经营周期的订单 GMV(如图 7-3 所示)。简洁的业务公式可以提炼为 GMV=(已开城城市订单量 + 新开城城市订单量)× 客单价。而其中目标月的城市 GMV 表达可提炼为 GMV=[已开城订单量 ×(1+ 增长率)+ 新开城潜在用户数 × 渗透率 × 下单频次]× 客单价。这时,全年的订单目标值为各目标月加总。

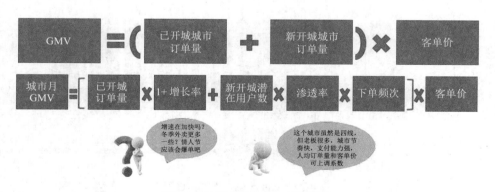

图 7-3　外卖业务 GMV 拆解示意

其中增长率受趋势、季节、节假日等因素影响，观察 2022 年同期的数据，调整增长率等系数来调节 GMV 的预期。此外，潜在用户数与渗透率受人口基数、年龄结构、经济发展水平等一系列社会属性影响，城市与城市需区别对待，常用的方法是将城市分类处理，如将城市分为一线、二线、三线、四线、五线城市，不一样的城市建立不一样的增长预期。

（2）纵向——基于业务环节效率的估算，将业务从引入用户到用户实际付款的漏斗模型展开，对每一个环节建立规模和效率的预期，结合业务策略、产品功能可能带来的影响，输出估算值。

还是以外卖场景为例，仍以 GMV 为业务目标，估算订单 GMV。在纵向漏斗拆解体系里便可获得公式：GMV=（新用户流量 + 老用户流量）× 进店转化率 × 加购转化率 × 支付转化率 × 履约转化率 × 客单价（如图 7-4 所示）。

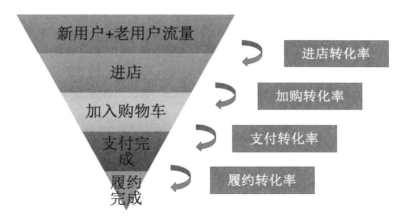

图 7-4 GMV 公式

基于上述分析结果，接下来需要进行以下几个步骤：首先，需要与市场部、运营部等部门确认接下来一年的渠道投放计划与促销计划，并考虑市场上可能对渠道产生影响的因素。其次，结合用户流量均值并加权近三个月的涨幅，输出用户流量的可信区间，以便进行更准确的预测和决策。最后，结合业务和产品功能上的可预期变化，计算出预期的转化率，以便制定更具针对性的营销策略。

以上是整体分析流程，同时需要注意的是，不同领域、不同业务场景下的分析流程会有所不同，需要针对具体情况进行定制化分析。

4. 其他业界经验：定标的基本原则

经过算法预测、业务演算等多方面的考虑，我们现在已经确定了老板心里的目标值、算法输出的预测值和业务横向或纵向演算输出的预测值，这些足以协助我们框定目标的上下限。在最终敲定目标值之前，我们需要调用几项定标的基本原则，以保证制定的目标值符合增长的原则，能够始终释放企业的潜力并保持竞争力。

在制定目标时，不同行业、不同竞争格局和不同发展阶段所需参考的具体标准会有所不同。但我们发现，从阿里巴巴和美团早期的目标管理经验中提炼出的三个原则适用范围依然很广，且鲁棒性较强。因此，在本小节，我们总结了一些普适性的原则，供大家参考。

第一个原则是，目标应满足增长的原则。例如，上个月的表现是这个月表现的目标的下限，推进团队不断迭代进步。早期的"阿里铁军"就要求每月增长 10%。

第二个原则是，目标需要符合业务属性。例如，美团早期便决定抓拜访量，提高人均签单量，这便是充分考虑了外卖业务的属性。美团的订单客单价低，主要集中在市区，客户密度高，客单价低转化门槛便低；而阿里巴巴 B2B 的订单客单价高，客户密度低，为了找到更多的客户，销售需要在更大的面积里东跑西颠、筛选客户，转化难度高。但早期美团的人均签单量明显低于阿里巴巴 B2B，就不符合其业务属性本对应的业务质量。于是美团再度拆解销售目标的公式为：营收 = 客单价 × 潜在客户密度 × 面积 × 拜访效率 × 拜访转化率，并通过强调拜访量来提高企业营收。

第三个原则是，目标设定需要符合企业所处的阶段与战略目标。例如，美团在 2012 年面临来自资本市场的盈利预期压力。销售团队制定目标与激励体系时，便降低了四次提成，以平衡直接激励销售和当年毛利上岸的目标，几乎每个季度都要进行比例调整。

我们可以将组织想象为一个正在成长的青少年，我们的目标是最大限度地释放他们的潜能，同时避免打击他们的积极心态。因此目标设定应该具备挑战性，同时是可通过努力达成的。

发展心理学中有一个概念，即"最近发展区"。这个概念是苏联心理学家维果斯基提出的，用来识别一个人心理发展中的区域。这个区域涉及两个方面，即现有发展水平和在有指导下孩子能够达到的发展水平，也可以称为潜力，这两个方面之间的差距就是最近发展区。维果斯基的理论主要应用在教育领域，旨在引导孩子发展，并强调最佳教学时期。自适应学习是最近发展区的一个例子，其通过确定学生已知的知识水平和指导下能够达到的水平，推荐最适合最近发展区的材料，以促进学生逐步发展。

回顾阿里巴巴和美团制定和调整目标的逻辑，我们可以发现它们不断地探索组织的最近发展区（如图7-5所示）。它们首先确定组织的现有能力水平，然后定位通过指导可以达到的能力水平，并通过提炼最佳实践和提高组织效率来提高组织的舒适区水平，从而扩展最近发展区。这也是"阿里铁军"和"美团铁军"成功的关键因素之一。

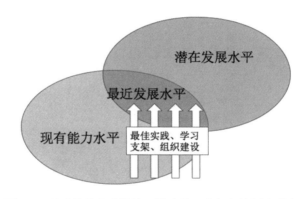

图7-5 通过最佳实践提炼，搭建学习支架释放团队潜力

7.2.3 制定目标的决策体系：格栅模型

有一句非常当说的大实话——最后还是老板拿主意。如何推动老板拿出正确、有效、有利于公司健康发展并提升竞争力的主意？"阿里铁军"的核心成员干嘉伟，后来转到美团担任COO，在谈及"数据＋团队"的高效运用时说："传统企业的决策体系，常常是老板一人决策，一个人承担所有决策风险，而后经常被公司职员批评。而好的现代决策体系中，CEO需要做好三个事情：第一，组建集体决策的团队，打个比方说就是组织一个企业决策的陪审团；第二，制定讨论流程，就像法官要保证法庭的程序正义；第三，确定决策参考的关键数据，基于哪些数据来做出判断，这就像法庭上确认证据。不管是公司CEO，

还是事业部负责人，做好这三样事情，决策效率都会大大提升。"

如果基于老板的"拍"、模型的预测和业务的推演三种方法输出的业务目标值趋向同一个区间范围，我们认为对于订单的预测结果相对一致。但实际情况是，这三种方法输出的预测值很少可以一次契合到合理的范围内，更常见的情况是这三种方法会有不同程度的差异。

充分拆解、讨论这些差异，推敲每种测算背后蕴含的业务假设，这个讨论和推演过程会带给我们智慧，这将有利于我们梳理每一个业务环节或业务模块面临的机遇与挑战，大家对能把握的机遇和可解决的挑战达成共识，便可以在目标层达成共识。这就是多样性带来的红利，也是格栅模型优势的体现（如图7-6所示）。

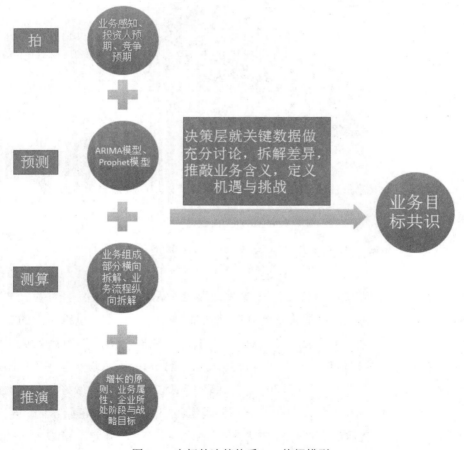

图 7-6　定标的决策体系——格栅模型

ⓔ 7.2.4 目标管理的长远意义：锻造持续成功的团队

目标管理最直接的结果当然是目标达成，又或者进一步、超预期达成。但也许有更长远意义的产出是团队基因的塑成。在做同样的事时，你的团队本能地追求比别人做得更好，这才是企业最核心的竞争力。也确实没有什么比打一场酣畅淋漓的胜仗更能提高团队的凝聚力和自我效能感。我们继续向两次塑造"铁军"的干嘉伟吸取经验，按照他的梳理，目标管理可以分为三层。

第一层，目标预算管理，他接触到的很多外企管理人员，大多停留在这个阶段。他们每天西装革履，在会议室里打开电脑看 PPT，分析 KPI，但只看结果是不够的。企业经营只有控制了过程，才能控制结果。光有目标预算，知道自己做得好不好，知道自己是死是活，结果已经无法改变。

第二层，过程管理，能很好地把业务逻辑进行分解梳理，然后通过管理系统去把各个关键的过程指标给抓起来，通过对过程的管控实现对结果的可控。

第三层，也是干嘉伟口中的最高境界，即"借假修真"。什么是借假修真？数据可以是假的，要求也可以是假的，但团队的成长是真的。美团外卖开拓时期，所有的区域经理都是从团购部门调过去的，这意味着什么？意味着美团在做事的过程中培养出了可以持续成功的业务骨干。这样团队便具备了持续成功的能力。只有你的团队强了，才能掌控更大的业务，创造更大的价值。

干嘉伟说过："如果这个团队值 1000 万元，他们就不会只做 500 万元的业绩。但如果这是一个 500 万元的团队，即使天天打鸡血，也许偶尔能做到 1000 万元，但肯定无法持续。"他还说，"线下这块儿我之所以有把握，是因为我擅长人的培养，就是之前马老师（马云）讲的借假修真。"

团队的成长和蜕变，整体组织"内力"的提升，比实际达成某个具体的目标带来的长远效益更高、更持久。

7.3 增长结构优化

7.3.1 增长引擎的类型

增长本身并不难。只要有足够的资金，不计成本地扩张规模，是可以在短时间内实现的。然而，问题在于这种增长是否可持续。有些增长是健康的，而有些增长则不可持续。若在产品黏性低时即启动付费引擎，可能会引发产品质量、现金流和用户满意度等方面的问题。根据埃里克·莱斯在《精益创业》中的描述，增长引擎是企业用来实现可持续增长的机制。互联网企业的增长机制包括黏着式增长引擎、病毒式增长引擎和付费式增长引擎。

（1）黏着式增长。

黏着式增长的规则比较简单，如果取得新用户的比率超过流失率，规模就会增长。新用户的自然增长率减去流失率，就是规模的复合增长率。比如，用户留存率为70%，新用户增长率为30%，则流失的用户和增长的用户相互抵消，对应的复合增长率为0。

这个模式下比较核心的是需要同时关注自然增长率和留存率，特别是留存率和流失率，是直接的黏性指标。增长再快如果留存能力差、用户流失严重，则增长引擎就如同一个管道一般，一边进一边出，且留存能力差很有可能意味着产品的服务水平没有达到预期，在产品力没有得到市场验证时便急于扩张，很容易带来负向的口碑，导致拉新越来越困难。在 Y Combinator 里，好的增长率是每周 5% ~ 7%，每周增长 10% 就是非常优秀的表现，而每周增长 1% 则可能代表你还没有想好具体要做什么。

（2）病毒式增长。

产品认知度在人群中快速传播，就像病毒散播一样。它是由量化的反馈循环提供动力，这种循环叫"病毒循环"，速度取决于"病毒系数"，系数越高，产品的传播速度越快。病毒系数是每位用户将带来多少新用户，如果产品的病毒系数为 0.1，则代表每 10 位用户会带来一位新用户；如果病毒系数为 1，则代表每位用户都会带来一位新用户。这个引擎中，最重要的是提高病毒系数，由于此类传播是指数型的传播，病毒系数细微的变化都会带来戏剧性的规模差异，一般情况下我们会认为病毒系数大于0.75是一个好的状态。

（3）付费式增长。

在这个模式下，一个企业为了提高增长率，要么提高每位用户的收入，要么降低每获得一位用户需要付出的成本，只要获取一位新用户的边际成本比他带来的边际收益低，超出的部分就是边际利润，而这个边际利润可以用来获取更多顾客。边际利润越多，增长越快。在付费式增长引擎的模式下，我们主要关注两个指标，一个是用户获取成本（Customer Acquisition Cost，CAC），另一个是用户生命周期价值（Life Time Value，LTV），如我们花了1万元，获得了100位用户，每位用户的获客成本为100元，如果每位用户生命周期价值对应少于100元，我们就是亏损的；如果每位用户的生命周期价值大于100元，我们就是增长的。

理想情况下，我们需要获客成本除以用户生命周期价值大于或等于1/3，来保证留一些对未来不确定性的安全边际。就算在竞争激烈的赛道中，面临获客成本急剧上升的局面，用户生命周期价值不抵获客成本的局面是我们无论如何都应该试图避免的。

此外，这里有两点值得注意的点。

第一点是，这些方法不是互斥的，但建议是每次聚焦一个增长模型。一种业务可以同时采取多种增长引擎，如在线教育增长的方式就是既会关注转介绍等方式获取病毒式增长，也需要对获客成本和用户生命周期价值高度敏感，避免每签一笔新单就多出一笔债务的被动局面。但是总体而言，除非是业务模式的特殊性要求，通常的建议是新业务每次只关注一个增长引擎，来避免资源和精力分散，造成很多不必要的混乱，导致事倍功半的结果。

第二点是，每一个增长引擎都有其自然的上限，接近其上限时速度变慢，最终会燃尽。当增长引擎放缓或停止时，公司如果没有备份的新的增长来源或解决方案，增长就会陷入困境。而优秀的团队会始终对增长引擎保持敏感，在调整增长引擎的同时，始终关注挖掘新的增长来源，以应对必将到来的增长瓶颈。

7.3.2 数据驱动增长引擎（以在线教育业务为例）

数据驱动增长引擎分两步：第一步是诊断增长速度是否健康可持续；第二

步是寻找可干预的优化空间，来进一步提高引擎的效率。

1. 诊断

第一，如上文中提及的，一般情况下，每一种引擎都有领域经验生成的基线。例如，复合增长率的周增长基线为 5% ～ 7%，达到 10% 则是一个非常优秀的表现状态；病毒式增长模式下，期望的增长系数越高越好，但基线是 0.75，不足 0.75 则可以持续挖掘提升空间，除非我们有非常明确的理由解释这个业务模式下的病毒式增长的上限无法抵达 0.75；在付费模式下，我们应该尽可能将获客成本和用户生命周期价值之比控制在 1/3 以内，无论如何都应该避免获客成本高于生命周期的情况。

第二，常规的数据分析方法包含但不限于与历史表现对比、与同行业竞争对手对比、与行业预期对比，来进一步确定各项直播是否符合健康增长的范畴，增长效率是否在提高，增长效率是否领先竞争对手，处于行业头部水平。

第三，对增长引擎效率的衰减保持敏感，需要及时识别增长放缓的趋势，分析其中可干预与不可干预的变量，使业务、产品可以尽快关注新的增长源或新的增长结构设计。

2. 改善

改善分三步。第一步需要通过全面的描述性分析定位可干预的业务环节。第二步，把可以用算法来替代人工决策的效率点提炼出来，并加以优化迭代。第三步，通过数据挖掘等方式输出更多的启发性结论，通过 A/B 测试等不断提高引擎各环节的效率。

我们以一对一直播课模式的在线教育业务增长引擎优化为例来简单了解一下以上三步骤。

在线教育的获客主要分为市场投放的渠道和转介绍渠道（老用户介绍新用户），在增长诊断时，我们分析发现几点关键的信息。

- 市场渠道的获客成本远高于转介绍渠道，而用户生命周期价值又低于转介绍渠道的获客成本。

- 转介绍的传播系数稳定在 0.7 左右，已接近较理想的局面。

- 如果把销售提成和运营成本的营销费用平摊进去，用户获客成本与用户生命周期价值之比接近 1。这可不是运营团队愿意看到的理想局面。

据此，就可以定位以下三个模块以及改善机会点。

第一，提高市场渠道的投放效率。

针对市场渠道的获客成本优化，我们按照渠道获客成本、渠道流量、流量增速、付费转化率与 30 天内的留存率，对市场渠道内的各细分渠道打分，将有限的资源集中到总体流量没有见顶、增速较快、转化情况好、获客成本较低的渠道，从那些细分量小、成本又高的渠道中撤出来。运营的投放资金、测试资源、团队的运营资源等都集中在少数几个优质的渠道上，重点提高这些渠道的效率。

第二，转介绍运营决策效率提升。

5.3.5 节重点交代过如何提升转介绍的效率。更多用户在更短的时间内带来更多新的付费用户便是我们的目标。与运营同学充分讨论，发现转介绍运营决策机制可以概括为"什么时候，给谁，以什么渠道，发什么信息"。运营同学通常都是按运营同学的经验来决策。

通过数据，我们可以做的事情包括：①干预的时间窗口，识别出大多数用户在付费后 60 天内完成转介绍邀请；②最有可能带来边际效益的人群排序，通过决策树、逻辑回归、XGBoost 等回归模型，可以算出 30 天内用户发出转介绍邀请的概率，将所有用户按概率从高到低排序，掐头去尾（概率极高的不需要激励也会邀请，概率极低的激励也不太可能带来邀请，选择腰部摇摆的用户群体）；③沟通策略，通过对比带来转介绍和没有带来转介绍的用户画像、平台行为等信息，发现学习好的学员的家长相对于学习差的学员的家长更容易带来转介绍，学习差的学员的家长中也有以下部分用户稳定地带来转介绍，建议的策略为，分开学习好的和学习差的学员的家长，分别设计沟通策略，提高共鸣的概率，进而提高邀请的概率。

第三，降低运营、营销成本。

销售驱动的增长带来了见效快和确定性高的优点，但也存在明显的潜在风险。为了获得新用户，公司需要不断提高激励水平，而这将使有限的资源难以集中于产品和服务提升上。此外，销售人员是业务经验的主要积累者，一旦他们离职，企业就需要重新开始培养新人。相比之下，将资源投入平台策略优化，让团队的经验系统性地沉淀在企业的系统与流程中，以平台化的解决方案系统地解决增长的问题，才是长久之计。

（1）简单有效的增长策略是将销售决策点提炼出来，并通过算法模型来优化。例如，销售人员选择给谁打电话，之前主要依赖销售经验，可能大部分销售人员只拨打转介绍渠道的用户。但是，通过决策树、逻辑回归、随机森林、XGBoost等回归分类模型，可以输出一个潜在用户对应的转化概率，并将概率从高到低排序，分派给对应的销售人员。通过设计实验来观察结果，可以逐步将该策略放开到全平台应用。这样的策略可以带来高效的决策和明显的效果，同时也可为公司的资源聚焦在产品和服务提升上提供更多的机会。

（2）我们可以通过对比高效销售和低效销售的行为和内容，提取出高效销售的经验，并将其以产品功能的形式嵌入到系统流程中，从而提高整个销售团队的效率，使销售经验和知识得以在系统中沉淀和传承。我们发现，及时跟进和沟通内容结构对转化率影响很大。为此，我们可以将注册后1天内跟进和试听课后1天内跟进等时效性指标作为过程指标约束行为，提炼课程相关介绍范本和高频词，以支持销售沟通内容的优化，并以产品给"孩子"带来的价值为重点进行整体沟通。这种方式不仅可以提高整体销售转化效率，而且降低了对销售个人经验的依赖，更是以提升平台、系统决策能力的方式提高增长效率。

可见，通过数据定位业务环节，识别算法可以替代人工决策的效率点，提炼出优秀的运营实践并将其嵌入到产品流程中，可以不断提高资源利用率、业务决策质量和系统智能水平，从而推进增长引擎的效率提升。

（7.4）单位经济效益优化：毛利分析

7.4.1　确定毛利目标（以外卖业务为例）

我们现在通过制定业务目标，明确了对业绩量级的预期，再通过对增长引擎的诊断和优化，找到了可持续增长的模式。接下来我们了解一下如何通过数据提升单位经济效益，来提升公司赚钱的效率。

这次以外卖业务为例，拆解外卖业务场景下的单位经济效益指标——毛利，确定具体、稳定、明确的业务目标是所有执行的基础。确定毛利目标大体可以分为两个步骤：第一步是确定总体毛利目标；第二步是拆分到各个区域、城市级别，确定各运营单元的毛利目标。

（1）确定总体毛利目标。

毛利目标主要受企业所处的商业模式和发展阶段的影响，通过结合市场份额、竞争情况等宏观环境因素的拆解，可以把业务大致分为三个阶段（如图7-7所示）：第一个发展阶段验证产品市场适配度，毛利要求可以适当放宽（毛利力负）；第二个发展阶段追求可持续性，业务可以独立造血运作，毛利要求上岸（毛利为零）；第三个发展阶段要求业务盈利，就需要毛利水平更高一些，如毛利5%～10%（毛利为正）。这样可以建立对大盘整体毛利的预期。

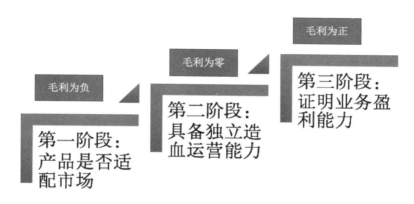

图 7-7　分阶段制定毛利目标

（2）拆分各运营单元的毛利目标。

毛利要求需要拆解到区域、城市，设置明确的管控基线。美团COO干嘉伟曾经就按照当时的市场和竞争情况，把全国城市分成三个区："解放区""巷战区""沦陷区"（如图7-8所示）。

- "解放区"是指美团在该市场份额达到65%及以上。因为市场份额高，同样的单子就能向商家要到更好的佣金，所以"解放区"的任务是赚钱。

- "巷战区"指的是美团在该市场和其他几家公司战况激烈，没有明显的头部。在"巷战区"，一方面要继续扩大市场份额，另一方面还要保持有优势的佣金比例，两者之间的追求要平衡。

- "沦陷区"指的是美团在该市场不占优势，比如北上广深这些大城市，长期以来美团都不是第一名，有的甚至进不了前三名。很多团购公司融资以后就在这些核心城市猛砸钱，所以在"沦陷区"，美团不考虑佣金的问题，只考虑增长——先把规模做上来，将来才有可能赚钱。

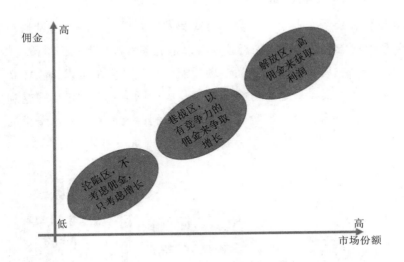

图 7-8　拆运营单元制定毛利目标

"解放区"，即已经具有竞争优势的区域，要求高毛利水平；"巷战区"，即还没有形成稳定的竞争优势的区域，需要平衡毛利水平与增长；"沦陷区"，即重要但处于竞争劣势的地方，优先增长，放开毛利。

美团当时有 15 个品类，拓展了 73 个城市，按照品类和城市设立了 1095 个毛利管控点，来约束运营。

通过观察历史趋势确定指标基线与趋势，结合行业主要竞争者的表现可以确定毛利基线现状。

7.4.2　优化毛利结构（以外卖业务为例）

优化毛利结构与其他数据驱动的优化行为大体分为两步。第一步，在毛利水平是否符合预期的诊断基础上，通过全面的描述性分析以定位可干预的业务环节。第二步，通过分析与挖掘识别可干预变量、可提升的效率的机会点来驱动毛利结构优化。

1. 需要拆解毛利结构来定位有机会带来效益提升的业务环节

外卖业务毛利拆解下来，收入部分主要有订单 GMV、用户支付的配送费、商家支付的佣金，支出部分主要由促销补贴、平台支付骑手的配送费组成（如图 7-9 所示）。通过各指标的占比、历史基线与趋势、再对比毛利控制好的标签城市和仍有提升空间的城市可以确认各业务环节的影响力，找出那几个最值得干预的变量，如补贴、商家佣金、配送费定价等业务模块。

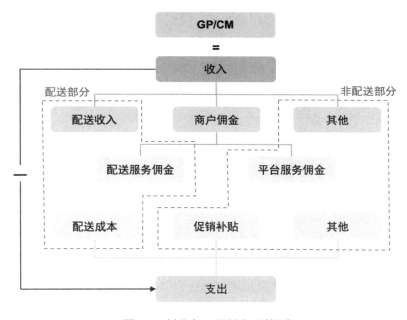

图 7-9 拆业务环节制定毛利目标

2. 通过分析与挖掘识别各模块的可干预变量，提升整体效率来撬动毛利结构优化

（1）补贴效率。

补贴按照面对的对象可分为用户补贴、商家补贴、骑手补贴，由城市运营控制资源，涉及的决策点主要有，该不该打补贴，给谁打补贴，发什么形式的补贴这三项。我们以面向用户的补贴策略为例，了解一下数据可以提效的机会点。

补贴，可分为新客补贴和老客补贴，一般由城市运营经理控制，主要使用场景为通过补贴获取用户并提高订单量。

第一问：该不该打补贴？一是衡量转化率和补贴率，高补贴若对应低转化率一般是在提示"多、快、好"上还是有问题，这时应该先建设基本面，而不是过早打补贴。补贴会让订单量有短暂的上升，但一般因补贴进来的用户留存概率低，花大钱买用户、买订单，但不可持续，就是烧钱。

第二问：该给谁打补贴？明确补贴的目的，并以补贴目的为结果标签，建立模型，优化效果。假设补贴的目的是促留存，以 30 天内留存为结果标签，用用户属性、行为、体验、订单等特征信息建立预测模型，输出用户 ID 粒度上的 30 天内留存概率的排序，头部那些一定会留存的人可以不发或者发少一点，腰部可留可不留的用户可以力度稍大一些。

第三问：怎么发补贴？按触达时间、方式（短信、弹窗）、券的金额（根据竞争的总量，先测上下界）、券的核销期等信息充分总结以往的运营经验，进行实验设计，测出券的上下限区间，提炼总结，并不断优化。

追求的优化效果是，在符合区域、城市竞争策略（解放区、巷战区、沦陷区）的前提下，同样的钱可以拿到更多的用户与订单，更少的钱拿到同样的用户与订单。

（2）商家佣金。

佣金主要是销售与商家签约时商定的平台服务费，受市场竞争状态影响更直接一些，如竞争处于劣势则销售面对商家的议价能力非常有限，争取有竞争力的佣金挑战较大。主要提效方式是异常行为管控和赋能。

第一问：有没有明显违背竞争策略的商家佣金？首先是控制作弊行为，先识别问题商家、销售，治理平台上的作弊套利行为，如"空壳"商家签进来等异常行为等，其次从机制上保证佣金策略得到贯彻，上文提到，干嘉伟将美团当时 73 个城市和 15 个品类做交叉，设立了 1095 个毛利管控点，不符合该城市、该品类管控阈值的销售订单无法录入系统。

第二问：通用的佣金先给谁后给谁？协助运营做商家价值排序。哪个商区、哪些商家更重要？可以按照用户分布密度、线下商机分布密度、竞争对手渗透情况等给区域打分，按照品类／品牌丰富度、品类／品牌匹配度，竞对平台上的订单、评价等信息，点评等信息，平台上的访问、收藏、评价等信息给商家打分。这样，我们可以将优先的资源进一步集中在能带来更多效益的商家和区域上。美团在北京就有 12 万商家线索，按照消费者感知列出 2000 多"制高点"商家，按照"有没有、优不优（产品好不好）、独不独（是否独家）"的逻辑依次争取。

第三问：如何才能提签单效率？把最高效的那批人找出来，提炼可迁移、可推广的知识与经验，推广。首先需要找出标杆，按照商机的渠道、品类、品牌、是否为竞争独家等会影响商家转化难度的信息量化出来，按照历史签单难度对新的、潜在商家建立转化率概率期望，同等转化难度下，转化率高、佣金低的销售为标杆销售。其次，通过充分反馈经验、沟通与分享，提炼可迁移、可推广的知识与经验，如长相好、品位佳，无法推广，但是穿着整洁、掌握商家价值属性等是可以效仿的。美团总结王牌销售冠军，是个"小蜜蜂"，销售人员每天要完成 8 个拜访、6 个有效拜访、2 个新增有效来狠抓拜访，大大提高了签单效率。

这里追求的优化效果是，用符合城市竞争策略的佣金区间去争取更多更高价值的商家。

（3）配送费定价。

这个议题争议较多，特别是在"动态定价"输出了同一时间、同一地址、同一商家、同一订单，会员账号配送费显著高于非会员配送费后，甚至升级为美团"割用户韭菜"的公关事件。我们这里所说的动态定价并非等同于价格歧视。

用户侧配送费定价影响用户的下单意愿，通过统计同等补贴水平下配送费、配送费占总支付比与转化率，可以明确观察到相关性；骑手侧配送费定价影响骑手的接单意愿，通过统计同等补贴水平下的配送费与骑手接单率，可以确定两者的相关性。

如何使平台同时满足用户侧和骑手侧的诉求？根本的解法是提高配送效率，在不降低骑手收入水平的前提下，降低单均配送成本，而这当然离不开科学的定价策略。

骑手的配送费由基础配送费和骑手补贴组成。骑手补贴下面会展开介绍，这里先说一下基础配送费。

基础配送费，设定需要依据业务当期目标来定优化目标。如追求规模最大化，设置配送费应以多送订单作为价值牵引，如追求 GMV 最大化，则需要把客单价考虑进来，显然送一个 10 元的单和 100 元的单带来的 GMV 是有明确差异的。通常需要考虑的点有，取餐难度、配送难度、交付难度和订单价值，如何量化取餐难度、配送难度、交付难度和订单价值呢？需要不断学习历史的配送数据，结合区域交通情况、小区电梯、楼梯等具体地理信息，结合商家行为数据来判断，粒度越细、信息越能反映当下实况，则定价准确性越高，也就越有利于促成交易。

（4）骑手补贴。

主要在需求超过供给的时候，通过补贴激励更多骑手接更多单。决策点也可以提炼为"该不该发、发给谁、发多少"三点。

第一问：该不该发？主要看供需状态，订单的需求水平明显高于骑手的供给水平时需要考虑补贴。但如果这种需求紧张状态是由配送效率不足造成的，如不同的两个城市，A和B，同样的骑手数量、同样的骑手上线时间、同样的订单规模，但城市A每小时配送成功订单量远低于城市B，虽然城市A的需求供需状态会显得紧张，但对这类城市A的解法是提高配送侧的效率，而不是仅仅打补贴。

第二问：发给谁？首先需要明确补贴的目的，并以补贴目的为结果标签，建立模型、优化效果。假设补贴的目的是促留存，以30天内留存为结果标签，用骑手属性、行为、体验、订单等特征信息建立预测模型，输出骑手ID粒度上的30天内留存概率的排序，头部那些一定会留存的人可以不发或者少发一点，腰部可留可不留的用户可以力度稍大一些。

第三问：发多少？结合用户下单的时空场景，如工作日的中餐对时间要求比节假日的晚餐紧急一些，可以适当增加激励幅度，但整体还是按触达时间、方式（短信、弹窗）、补贴金额（根据竞争的总量，先测上下界）等补贴信息充分总结以往的运营经验，进行实验设计，测出券的上下限区间，提炼总结，并不断优化。

相对于仅仅依赖业务经验的解决方案来讲，充分考虑业务优化目标，并不断寻找关键变量来优化的方式更有利于更快、更准确地应对实际业务情况。

/第/ 8 /章/

专题：体验

"我们在试图为苹果公司制定战略和愿景时，是从我们能给用户带来什么样的好处出发，思考我们能把用户带去哪里。并不是让我们和我们的工程师坐在一起，找出我们有什么了不起的技术，然后如何去推广它。"这是苹果的创始人乔布斯在回答一位程序员对他关于技术的质疑时讲到的。当你试图改变的时候，最困难的事情之一，不是对某些具体技术的实现，而是如何将其整合到更大的愿景中，一个可以使你每年卖出 80 亿美元、100 亿美元的东西。"我发现的一件事情是，你必须从用户体验出发，再回到技术上；你不能从技术开始，然后想办法把它卖到哪里去。"

追求完美、极致的用户体验是苹果成功的核心因素之一。那么用户体验到底是什么？如何通过数据提升用户体验？本章先从体验的概念开始，引入并介绍常用的体验度量模型和具体的分析方法，来了解通过数据去管理、提升体验的系统方法。

8.1 用户体验概述

8.1.1 概念

"用户体验"是什么？这个词最早被广泛认知是在20世纪90年代中期，由当时在苹果工作的设计师唐纳德·诺曼（Donald Norman）提出，他认为"一个良好的产品能同时增强心灵和思想的感受，使用户拥有愉悦的感觉去欣赏、使用和拥有它"。国际标准化组织ISO将用户体验定义为"人们对于针对使用或期望使用的产品、系统或者服务的认知印象和回应"，即用户在使用产品过程中对服务和产品建立起来的主观感受。

那么"用户体验分析"是什么？就是对这些"主观感受"及其影响因素进行研究，定性或定量分析，以更好地改进产品或服务，提升用户体验。

为什么它是重要的？因为最终企业的价值展现是通过用户的支付和购买来完成的，影响用户的支付和购买行为最核心的因素，便是用户体验。

首先，如乔布斯的精彩回答，是企业回答解决什么问题，创造什么价值的出发点，作为企业战略和愿景的输入。

其次，经过具体、量化的度量后，对用户体验的监测帮助产品与运营定位产品、业务痛点，是日常运营决定资源配置与功能迭代优先级的重要决策依据。

最后，通过以具体的、直接的用户视角来审视产品与业务，提高对产品、服务直接的、感性的认知。扫除业务感知盲点，带去更多启发性的思考，提高及时把握符合用户需求的新机会点的概率。

8.1.2 度量模型

几乎每一个企业都会有自己独有的体验度量模型。因为业务的特殊性和业务所属的阶段决定了没有什么模型是放之四海而皆准的，体验分析这个领域本身具备一定的开放性，而不同的产品、分析师对于体验的理解不同也会带来度量模型的差异。但就算一千个人眼里有一千个哈姆雷特，一千个分析师对应一千种体验分析模型，也还是可以从一千个分析师设计的一千个度量模型中提炼出具备普遍适应意义的体验度量模型。这里将重点介绍认可度比较高的用户体验主观指标——用户满意度、净推荐值、用户费力度和业界比较常用的度量体系——谷歌的 HEART 模型。

我们先来了解一下常用的三个主观指标。

- 用户满意度（Customer Satisfaction，CSAT）：衡量用户短期满意度的得分，通常通过让用户回答"您对本次服务 / 产品体验是否满意"，在 1 ～ 5 分内选择，5 分为最高。这是我们最常见的指标，最终的满意度得分是基于 4 分和 5 分的占比求得。

- 净推荐值（Net Promoter Score，NPS）：也称口碑值，是衡量将会向其他人推荐某个企业或服务可能性的指数，通过询问用户"是否愿意推荐给朋友"这个问题并使用户在 1 ～ 10 分（1 ～ 6 分贬损，7 ～ 8 分被动，9 ～ 10 分推荐）之间选择，计算规则是推荐者的百分比减去贬损者的百分比。

- 用户费力度（Customer Effort Score，CES）：衡量用户完成任务时体验到的难易程度，通过让用户在使用完产品后回答"为了得到你想要的服务，你费了多大劲儿"，在 1 ～ 5 分选择，5 分为最高。这是一个相对新的概念，业务假设服务的主要目的是减少客户努力，帮助他们轻松解决问题，产品应该让用户省心，意味着可以减少用户流失。

主观指标的优势是可以快速、客观地描述用户对当前产品与服务的体验现状，使企业可以从宏观层面迅速了解用户对企业的产品与服务的整体反馈，作为了解企业在市场中的竞争力的重要依据。当然它也有一定的劣势，由于主观指标依赖用户反馈，而只有少部分用户会基于反馈，以及给出的反馈并具体到业务环节或产品功能上，反馈无法快速直接定位到业务问题，无法直接回答如何改进、改进哪里的问题。这就意味着我们需要更全面、具体的衡量体系来描述用户体验。

接下来，了解一下最常用的用户体验度量模型——HEART 模型。HEART 模型由 Google 于 2010 年发表，出发点是做以用户为中心的用户体验度量方法，包含愉悦感（Happiness）、参与度（Engagement）、接受度（Adoption）、留存率（Retention）、完成任务度（Task Success）五个维度。

- **愉悦感**：用户体验中的主观感受问题，主要关注是否有用、是否容易使用、是否美观、是否愿意推荐等维度，对应指标一般为满意度、用户费力度、净推荐值等指标。

- **参与度**：用户在产品中的参与深度，主要关注用户的使用情况，如指定时间内访问的频次、使用深度等，对应指标包括有效活跃用户数量、活跃时长等活跃相关指标。

- **接受度**：用户愿意使用产品功能的程度，主要关注新用户开始使用产品的情况，对应核心指标有指定时间内的新用户数量或其占比。

- **留存率**：用户体验一次后愿意继续使用产品的概率，主要关注新用户后续一段时间内的行为，对应核心指标是 7 天、14 天、30 天内留存率。

- **完成任务度**：用户完成任务的情况，关注一些传统的用户体验行为指标，如完成任务占比、完成任务平均所需时间以及发生错误的占比。

不同产品对应的具体的指标和维度会略有差异，但这样的宏观结合微观的模型结构为用户体验指标体系搭建提供了较为全面的分析方法论。HEART 模型能够帮助产品团队将用户体验转化为可量化的数据，以帮助他们更好地了解用户行为和需求，从而改进产品和用户体验。HEART 模型可以应用到各种产品和应用的分析中，使用数据分析工具和技术来跟踪和衡量 HEART 指标，并与定量和定性用户反馈结合起来，帮助产品团队确定优先改进的领域，以提高产品的用户体验和增加用户满意度。

其他还有阿里巴巴的 PTECH 模型，PTECH 模型是基于 HEART 模型略做改动构建的体验度量模型，包含性能体验（Performance）、任务体验（Task Sucess）、参与度（Engagement）、清晰度（Clarity）、满意度（Happiness）等五个维度；以及适合技术类 B 端产品的 UES（User Experience System），包含易用性、一致性、满意度、任务效率和页面性能等五个维度。虽然根据各企业对业务、产品的理解与提炼，用户体验度量维度略有差异，但整体还是聚焦在用户使用产品的情况、用户任务完成情况以及用户对其体验的反馈。

8.1.3　用户体验分析方法

试图搞清楚复杂的议题时，运用多个来源的证据总是有好处的。交叉引用的方式可以帮助我们建立多个启发式，并提高输出可信、有效、可靠的分析结论的概率。结合传统的用户调研，用户体验分析也可分为定性分析和定量分析。

- **定性分析：** 按照设计领域的定义，定性分析是个人观看和体会世界的方式，这种方式是探索诸多社会现象，捕捉人们对各种意义和过程的想法、感受和阐释。定性研究主要关注发觉问题的各个维度和多个层面，当我们需要就某个特定问题获得新的或深度的理解的时候，我们可以考虑使用定性问题。定性分析的方式有很多种，我们比较常用的是焦点小组（Focus Group）和深度访谈。
- **定量分析：** 同样按照设计领域的定义，定量研究主要用来对事物进行描述、简化和分类，是为了就某个人群、某个问题得出结论，是一种通过数值和可量化的数据来得出结论的研究方法。传统的定量分析依赖基于随机样本的统计分析，主要用来测试和验证既有的理论或者找出某个变量的某种特点。定量分析较常用的是问卷调研和数据分析，其中数据分析又可以分为纯数据统计类的分析和对文本的分析。

简单讲，当不知道如何切入分析时或者想对现象进行更深入的分析，以了解态度、动机等"为什么"相关的信息的时候便可以通过定性分析来收集启发式，而当我们已经有相对明确的分析框架时则可以运用定量分析方法来获得更多现象相关的信息。

有必要指出的是，得益于近年来数据科学的发展，诸多非结构化数据，如用户评价、爬虫获取的舆情信息等大量纳入定量分析中，结合自然语言处理等数据挖掘模型便可以相对独立地进行对用户态度、动机方面的启发性、探索性的研究。很多稍具规模的互联网企业都有单独的用户体验（User Experience，UX）团队进行独立的用户研究定期发布分析报告，如果在这种架构下，BI 团队可以与 UX 团队合作，充分支持 UX 团队研究过程中数据科学可以提效的地方的同时，在 BI 分析议题过程中充分调动 UX 团队专业智能来完整反映企业整体用户洞察能力。

8.2 用户体验分析应用

8.2.1 搭建体验指标体系（以外卖业务为例）

接下来以外卖业务场景为例，了解一下 HEART 模型的实际业务的运用。外卖业务是由用户、商家、骑手三方构成的多边市场模式，因此体验要素将包含用户对商家的体验、用户对骑手的体验，商家对平台的体验、商家对骑手的体验，骑手对平台的体验、骑手对商家的体验。

接下来运用 HEART 模型分别提炼用户侧、商家侧、骑手侧的体验指标。

（1）用户侧。

- **愉悦感**：用户满意度、用户对商家的满意度、用户对骑手的满意度、用户净推荐值、用户费力度。

- **参与度**：老用户下单占比、老用户转化率、老用户日均下单频次、老用户周均下单占比、老用户周均下单占比等。

- **接受度**：新用户下单占比、新用户转化率。

- **留存率**：新用户 7 天留存率、14 天留存率、30 天留存率。

- **完成任务度**：履约完成度（从下单到配送完成）、不完美订单率（下单到配送完成，但实际配送时长超过承诺配送时长）、实际下单到配送时长、用户投诉率（订单现实完成，但用户投诉）、用户进线率（过程中用户遇到问题与平台交互解决）。

（2）商家侧。

- **愉悦感**：商家满意度、商家对骑手的满意度、商家净推荐值、商家费力度。

- **参与度**：活跃商家占比、商家平台在线时长、活跃商家活动覆盖率、商家促销占平台促销比。

- **接受度**：新商家注册占比、新商家上线率。

- **留存率**：新商家 7 天留存率、14 天留存率、30 天留存率。

- **完成任务度**：商家接单率、商家接单等待时长、 商家出餐率、商家准时出餐率、商家出餐时长、商家投诉率、商家进线率。

（3）骑手侧。

- **愉悦感**：骑手满意度、骑手对商家满意度。
- **参与度**：活跃骑手占比、活跃骑手有效在线时长。
- **接受度**：新骑手注册占比、新骑手上线率。
- **留存率**：骑手 7 天留存率、14 天留存率、30 天留存率。
- **完成任务度**：骑手接单率、骑手接单等待时长、骑手完美履约率（即接单到配送完成在平台预计时间内）、骑手投诉率、骑手进线率。

通过搭建体验指标体系，我们将外卖业务的核心参与方——用户、商家、骑手的愉悦度、参与度、接受度、留存率、任务完成度五个维度拆解到实际业务可监测的指标中，通过观察趋势和基准值，帮助我们掌握用户、商家、骑手的整体体验水平（如图 8-1 所示）。

图 8-1　HEART 度量模型：外卖业务

8.2.2　问卷调研

显然，只知道本业务的水平无法判断体验水平是否"足够好"，为了确保在行业中保持领先的体验优势需要进一步确认行业基本体验水平，可以通过补充问卷调研分析来获取。问卷调研也是一种常见的数据收集方式，可以帮助企业了解其用户的需求和反馈。通过对用户进行问卷调研，企业可以获得大量的数据和反馈，以了解其用户对产品或服务的使用体验，从而改进产品或服务的设计和功能，以更好地满足用户需求。

（1）用户侧。

首先，需要控制性别、年龄、收入水平、居住地点等变量来保证样本具有代表性。其次，需要按照调研的目的来组织问题，如用户调研的目的是了解体验水平，则我们需要收集到对应的信息，比如：

- 是否了解本平台、竞争平台，如 DoorDash、UberEats、美团、饿了么。
- 对总体用户体验水平打分？ 1～5 分。
- 是否会向朋友推荐某平台？ 1～10 分。
- 对各分享的得分，围绕多、快、好、省的业务品质，如商家选项是否充足、菜品品类是否充足、配送速度是否够快、是否比其他平台性价比更高类的问题。
- ……

从这一类的全网调研中可以得到的信息包含相对于竞争品牌的本品牌的竞争力，并时刻保持用户对本品牌的核心认知的敏感度。重要的发现有时也会作为业务战略指定的信息输入，如相对于其他平台，我们可能在多、快、好、省中的省中有更坚实的用户感知，则我们可以考虑是否将性价比作为核心价值呈现。

（2）商家侧。

同理，商家侧首先需要控制商家的属性变量，如商家入驻渠道、商家级别、商家入驻时长、客单价、月均单量等以保证样本具有代表性。其次，需要按照调研的目的组织问题，这里还是以掌握商家整体体验水平为目的，我们可以收集对应的信息，比如：

- 是否了解本平台、竞争平台，如 DoorDash、UberEats、美团、饿了么。
- 对各平台的总体体验水平打分？ 1～5 分。
- 是否会向朋友推荐某品牌？ 1～10 分。

- 在某平台下的月均订单？

- 是否参加某平台下的活动？ 补贴水平？

- ……

通过这一类全网调研，企业可以了解本品牌在竞争中的相对排序，并时刻保持对商家体验核心认知的敏感度，如调研结果显示单位时间内的单量水平对于商家的留存决策、平台忠诚度等具有重要影响，则企业便可以考虑是否通过流量、补贴等措施提高单量密度，以提升商家对平台的忠诚度。

（3）骑手侧。

同样，我们首先需要控制骑手的属性变量，如骑手入驻渠道、骑手级别、骑手入驻时长、骑手月均单量等以保证样本具有代表性。其次，我们按照调研的目的组织问题，这里还是以掌握骑手整体体验水平为目的，我们可以收集对应的信息，比如：

- 是否了解本平台、竞争平台，如 DoorDash、UberEats、美团、饿了么。

- 对各平台的总体体验水平打分？ 1 ～ 5 分。

- 是否会向朋友推荐某品牌？ 1 ～ 10 分。

- 在某平台的在线时长、月均订单、每小时收入？

- 高峰时期是否优先某平台的订单？

- ……

通过骑手调研，企业可以了解企业在骑手选择中的相对排序，并保持对骑手体验核心认知的敏感度，如调研结果显示每小时收入对于骑手的留存决策、平台忠诚度等具有重要影响，则企业可以考虑是否通过调度、动态补贴等措施提高平台效率的同时保障骑手的收入确定性，以获取骑手对平台的忠诚度，换取更稳定的优先配送权。

此外，问卷调研还可以帮助企业了解其目标受众的特征，包括年龄、性别、地理位置、兴趣爱好等，这些信息可以用于制定更有针对性的市场营销策略。

综上，问卷调研在互联网企业体验分析中扮演着重要的角色，作为最直接与用户沟通的重要方法之一，可以帮助企业了解用户需求和反馈，从而改进产品或服务的设计和功能，提升用户体验。然而，在进行用户调研时，需要注意以下三点。

（1）**确保样本具有代表性**。在选择问卷调研对象时，需要充分考虑问卷的目的与受众可能的偏好，以选取最具有代表性的群体来回答问卷。比如，做沉睡用户调研的时候，那些愿意回答你的问题的用户，可能就不能代表真正沉睡的用户，而真正沉睡的用户回应你的调研的概率很低。

（2）**提高用户讲真话的概率**。设计问卷时需要以更准确、具体的方式表达问题，尤其对于一些敏感的题目，需要设计交叉验证的问题来提高问卷的真实性，防止用户从字里行间猜测到我们问卷的意图，导致用户回答问题不准确。

（3）**将问卷的信息对应到具体的业务环节、产品功能上去**。需要将问卷调研的用户的"汇报"信息与实际平台上用户画像、用户使用产品的行为等联系起来，以确定哪些功能点影响了用户体验，从而优化产品功能并提升用户体验。例如，将汇报体验差的实际用户使用行为关联起来，判断产品上的哪些具体的卡点造成了用户体验差。

而在涉及产品功能迭代与用户体验提升关系之间的效率安排，我们就需要确定以提升用户体验为目标的产品功能优先级，这可以通过 KANO 模型来完成，在 8.2.3 节重点介绍。

8.2.3　KANO模型

如 8.2.2 节所述，用户调研作为分析的补充视角，通过直接与用户沟通的方式从用户的视角去观察和体验产品，作为我们进一步优化产品功能和业务策略的重要信息输入。事实上，有一个模型就是通过设计用户问卷，实施调研的方式来建立功能的质量模型，识别具体功能对于用户满意度体验的敏感性，这就是 KANO 模型。

KANO 模型（如图 8-2 所示）是一个常用的需求分类优先排序的模型，可将用户反馈与调研结果与产品功能、业务策略更紧密地结合，以帮助产品团队确定产品功能、业务策略迭代的优先级。该模型是由东京理工大学狩野纪昭（Noriaki Kano）发明的对用户需求分类和优先排序的工具。以分析用户需求对用户满意的影响为基础，根据不同类型的质量特性与用户满意度之间的关系，该模型一般将产品服务的质量特性分为五类：

- **基本型功能（Must Have Quality）**，是用户对产品或服务因素的基本

要求，当其特性不满足预期时，用户会很不满意，如外卖平台的支付环
节等。

- **期望型功能**（Performance Quality），用户的满足程度与功能的质量成
  正比，如此类功能表现良好的话，用户的满足度也是良好的，此类功能
  的质量越高，用户满足度也就越高，如外卖平台的商户选项，选项越多、
  配送越快、价格越便宜、用户越满意。

- **魅力型功能**（Attractive Quality），指不会被用户过分期待的功能，如
  此类功能的提升伴随用户的满意度的提升，但这种提升有显而易见的上
  限，一旦功能得到满足，再提升该功能质量，也不会提升用户的满意度。
  如外卖的包装，包装差一定是会给用户带来差体验，但是一旦包装本身
  可以满足用户收到餐品时餐品基本质量不受破坏，则再去提高包装的质
  量并不能使用户有过多共鸣。

- **无差异型功能**（Neutral Quality），对用户体验没有影响的功能。典型
  的就是没有使用价值的赠品。

- **反向型功能**（Reserve Quality），指那些会让用户反感，降低用户体验
  感的功能。如给偏好极简体验的用户输出大量的额外功能，使用户不知
  所措。

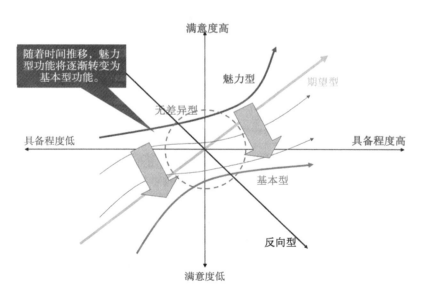

图 8-2　KANO 模型

用户反馈和问卷调研可以作为重要的基础信息帮助产品和业务去给产品功能分类，聚焦资源去保证那些直接影响用户体验的基本型功能，再寻找期望型功能的机会点来提高产品的竞争性因素，使产品可以从竞争中脱颖而出，带来差异化的价值，再去争取魅力型功能，提高用户对产品的忠诚度。

8.2.4　文本挖掘

如 8.1.3 节中提到，诸多非结构化数据，如用户评价、爬虫获取的舆情信息等大量纳入定量分析中来，结合自然语言处理等数据挖掘模型便可以相对独立地进行对用户态度、动机方面的启发性、探索性的研究。BI 分析团队可以通过文本挖掘从海量的用户文本评价信息中获取业务知识，来补充启动用户体验改善的范式。

文本挖掘是指从大规模的非结构化文本数据中提取有价值的信息和知识的过程，包括文本分类、情感分析、主题分析、实体识别、关键词提取等任务。它的应用范围非常广泛，聚焦在用户体验分析上，包含但不限于以下五个方面：

- **用户需求分析**：通过对用户在社交媒体、论坛、评论等平台上的文本数据进行挖掘，可以了解用户的意见、需求和情感倾向等，从而分析用户对产品或服务的态度和反馈，以指导产品和服务的改进。
- **产品评估与改进**：通过对用户在各种平台上的评价和反馈进行挖掘，可以了解产品的优点和缺点，进而对产品进行评估和改进。
- **用户满意度评估**：通过对用户在各种平台上的评价和反馈进行挖掘，可以计算用户的满意度得分，以评估产品和服务的质量和用户体验。
- **用户画像构建**：通过对用户在社交媒体、论坛、评论等平台上的文本数据进行挖掘，可以了解用户的兴趣、喜好、消费习惯等，从而构建用户画像，为企业提供有针对性的服务和推广策略。
- **竞品分析**：通过对竞品在各种平台上的文本数据进行挖掘，可以了解竞品的优劣势，为企业提供参考，以指导产品和服务的改进。

具体需要根据实际情况选择合适的算法和模型可以帮助提高文本挖掘的效果和精度，常用的算法模型包含但不限于以下几种：

- **词袋模型（Bag-of-Words Model）**：将文本表示为一组单词的集合，忽略单词的顺序和语法，只考虑每个单词在文本中出现的次数。
- **TF-IDF算法（Term Frequency-Inverse Document Frequency）**：在词袋模型的基础上，通过计算词频和逆文档频率的乘积来衡量单词在文本中的重要性。
- **主题模型（Topic Model）**：通过对文本进行概率建模，从中抽取潜在的主题和主题词。
- **情感分析模型（Sentiment Analysis Model）**：用于分析文本中表达的情感，可用于判断用户评论的情感倾向、品牌声誉等。
- **文本分类模型（Text Classification Model）**：将文本分为不同的类别，如新闻分类、文本垃圾邮件过滤、风险评估等。
- **神经网络模型（Neural Network Model）**：通过构建深度神经网络模型来处理文本，如卷积神经网络（CNN）、循环神经网络（RNN）、长短期记忆网络（LSTM）等。

根据实际情况选择合适的算法和模型是提高文本挖掘效果和精度的关键。在外卖业务场景中，文本挖掘可以为产品和业务团队提供以下关键的信息。

- 通过文本挖掘，可以提炼主题来补充用户、骑手、商家感知体验的因素。例如，分析商家对骑手的评价，发现除了准时抵达外，骑手符合卫生标准非常重要。而在骑手对商家的体验中，除了受出餐时间影响外，商家位置明显、容易停车等也是核心要素。这些信息可以通过骑手培训、推广骑手使用餐箱，并在骑手端补充更详细的商家位置信息和停车指导信息来改善用户体验。
- 通过提炼各个国家、区域用户评价的共性和差异性，文本挖掘可以帮助我们更好地了解不同区域用户的体验感知因素的异同点，从而支持业务制定更精准的区域竞争策略。例如，用户对商家的评价中发现的食品味道差、份量少、配送时间长、缺少物品、包装破损、缺少餐具、比店内价格贵等问题，在一些经济发展水平差的国家和地区，菜品缺失才是核心问题。在用户对骑手的评价中发现，用户差体验主要来自骑手送达时间晚、态度差、包装破损等问题，在一些经济发展水平较差的国家和地区，骑手没有佩戴口罩、送餐地址错误等问题被更频繁地提起。在实际运营中，应区别对待不同国家和区域，制定符合当地用户感知的改进措施。

- 通过对比好评与差评的维度，我们可以识别激励因素与保健因素，并支持业务、产品进行对应的功能与策略调整。例如，在一些地区对比用户整体好评因素与差评因素时，发现"食品味道""骑手态度"在好评中出现的频次非常高，但在差评中权重相对低，反过来，"包装"在差评中出现的频次高，但在好评中相对较低。可能的业务推理是，在该地区，"食品味道"是激励因素，即味道越好用户愉悦感越强；而"包装"则是保健因素，在用户愉悦感的提升有上限，但一旦出问题就很伤害体验。为减少差评，应关注那些出现包装问题的品类和商家，通过引导、教育等方式提升包装合格程度，为提高好评，则需要更好地管理提升商家"食物味道"，如通过增加"食物味道"的标签，将评价高的商家适当加权。

8.2.5 关联用户行为与评价、调研

一个投诉不满的顾客背后有25个不满的顾客，其中有24人不满但并未投诉，还有6人遇到了严重问题却没有表达抱怨。相比于不投诉的顾客，投诉者更有意愿继续与公司保持关系。如果他们的问题得到解决，将有60%的投诉者愿意与公司保持关系，如果能够快速得到解决，将有90%～95%的投诉者愿意与公司保持关系。那么，如何找到那剩下的24个人呢？

在顾客体验方面，满意的顾客更有可能向其他用户推荐产品或服务，而不满意的顾客则会告诉更多的人。因此，我们应该尽可能地最大化净推荐带来的正面影响，同时最小化差体验带来的负面信息传播范围。

在进行用户调研时，仅依赖平台与调研数据进行分析是不足以展现整个情况的，因为这些数据受到客观因素的限制，只能呈现冰山一角。因此，我们可以将用户平台内行为数据与用户评价、调研数据结合起来，识别与用户评价、用户调研中的一些维度相关的行为节点，并提炼用户差评、好评的指示行为（Indicator）。由于这些指示行为是全网、完备的数据，我们可以使用这些指示行为找到那剩下的24个人。

下面以在线教育业务场景为例来了解一下如何关联用户行为数据与评价、调研数据来复原全盘用户的体验（如图8-3所示）。

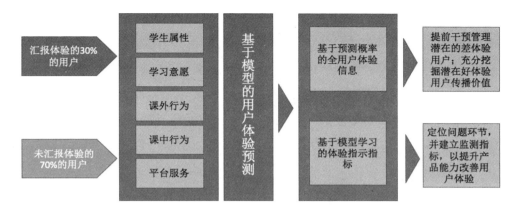

图 8-3 关联用户行为与用户评价

第一步，需要按照分析目的确定要关联的用户行为与属性数据。我们把少部分有评价数据的用户（假设为30%）的学生属性（如注册时间、年级、年龄、使用终端）、学习意愿（如迟到、早退、周均完课数量等）、课外行为（作业完成率、课前预习比例、读书数、专题测评分数、课程难易度）、课中行为（上课正脸数量、上课正脸比例、发音次数、最大一次发音时长、平均上课笑脸图片个数等）、对应的销售、班主任的服务动作（入职时长、跟进频次、对话时长、赠课数量、更换次数等）的信息找出来。

第二步，建立回归的评价预测模型，给剩下的没有评价行为的用户（70%）打预测评价标签，如用户 ID:12345，预测评价差 -1 分，准确率 75%。常用模型包括但不限于逻辑回归模型、决策树模型、随机森林模型、支持向量机、XGBoost 模型等。

第三步，再进一步分析重要性高的特征，然后用 T 检验或相关性分析交叉验证，找出评价的指示指标（Leading Indicator），定位问题环节，并建立监测指标，以提升产品能力，改善用户体验。如通过模型发现体验差的用户与体验好的用户间在周均完课数、迟到、早退等学习意愿，或作业完成率、课前预习等课外行为，上课笑脸图片个数、上课发音次数等指标中有通过检验的显著差异，则可以定位相应的业务环节探讨产品和体验的改进方案。

这样便有了全量用户的体验监测体系，支持业务去提前管理没有"汇报"差体验需要被关怀、维护的用户，也赋能业务去激发更多没有"汇报"好体验的用户，去带来更多的转介绍用户。

专题：风控

　　哪里有利益，哪里就会有欺诈。互联网领域里"反欺诈"是个日常话题，有组织有计划地钻平台规则漏洞来获取不正当利益的行为已经形成了一个产业，我们称为"黑色产业链"，平台因规则、功能漏洞引起几百上千万元的损失已经屡见不鲜。互联网企业里"风险控制"团队常年与"黑色产业链"的团队斗智斗勇。

　　样本量大了，低概率的事情发生的概率就会得到提高。所有低概率事件都发生的概率是0，所有低概率事件都不发生的概率也是0。如果是个弄堂里的小作坊，老板寄希望于"这种事情不会发生在我们身上"的侥幸心理而不做完全的准备，尚可理解；但对于交易量以"亿"计算的大型交易平台，怀着"这是小概率事情，不会发生"的侥幸心理而不做"万一"的预案，实在说不过去。因为对于交易量以"亿"计算的大型平台，你面临的风险次数是总量×概率，$100\,000\,000 \times 0.01\%$，一万次。作为结果，互联网大平台在设计平台规则和运营策略时的底层逻辑就是假设每一件坏事都会发生，然后从策略和规则上留足安全冗余。按照百度百科介绍，风险控制是指风险管理者采取各种措施和方法，消灭或减少风险事件发生的各种可能性，或风险控制者减少风险事件发生时造成的损失。

　　规则越严格，惩罚越严格，是否越有利于风控？不见得。平台和暗势力的博弈，就如免疫细胞与病毒之间的博弈，用药的最佳水平应该是杀掉病毒，但不危及免疫细胞。如果用药太狠，很有可能病毒和免疫细胞一起死掉，免疫系统被摧毁。这当然也不是我们最理想的局面。治理了网约车作弊的司机，但诚实勤勉的司机师傅的积极性也被打压，不想开车，必定会导致平台整体交易量下降，即使是治理了一部分差行为，但平台整体成本巨大。

在本章中，我们从风险控制的概念引入，了解风险控制工作独有的挑战，再进一步介绍 BI 分析师如何协助业务感知风险，分析风险，以及对应的具体的分析模型，最后了解如何控制与治理风控来提高平台财产安全与有效的运营机制。

9.1　概述

9.1.1　风控的概念

风险控制（Risk Control）是指企业或机构在运营过程中，通过识别、量化和评估可能出现的风险，并采取相应的预防、监控和应对措施，以最小化风险带来的影响并保护企业的利益。

传统企业的风控源于赊销产生，主要为赊销管理、信用控制和管理，国内的一些大公司，比如华为、联想、中兴等，也在 2007 年、2008 年分别成立了类似信用管理部的部门，设置这样的职位，而近年来产生的一些类金融公司，或银行老人们称为"非金系统"的公司开设的职位名称就直接叫作风控。

互联网业务领域里，风控则更多聚焦在反欺诈。常见的欺诈形态，有组织的"羊毛党"，即通过平台业务逻辑和策略上、产品功能上的逻辑漏洞，冒充正常用户套取返现、积分、奖励等；刷单、刷评价，即通过与卖方协议合作，通过人工或利用技术手段，制造虚假交易量或访问量或制造虚假的好评率，以换取更好的排名和资源；盗刷、盗取账户，即通过互联网交易平台，将他人银行账户中的资金进行转移等行为，也称为"黑色产业链"（以下简称"黑产"）。

按照风险管理学的理论，企业会想出种种办法来对付风险，但无论采用何种方法，风险管理的一条基本原则是：以最小的成本获得最大的保障。即要最小化对正常运营的干扰，又要最大化对"黑色产业链"不法行为的打击。

9.1.2　风控的特征

首先，风控是一个"比下限"的业务，可以拆解到两层含义。

第一层指的是你的平台和其他平台的下限。如果攻击其他平台比攻击你的平台容易，则黑产就会去攻击其他平台，所以你不用比所有人都优秀，只要能提高黑产攻击你平台的成本，就可以比较安全。但如果你的业务量大，则无论如何都会提高对方发动攻击的动机，因为一个漏洞对应数千亿资产。

第二层指的是风控策略阻断和干扰的边界。业务发展是风控存在的前提，如果风控的安全需求影响到业务发展也是不合理的，使你的策略可以最大范围地召回作弊，阻断作弊行为，但应最小化对正常用户的打扰，不干扰平台正常交易。策略和模型的召回率低，意味着风控放过了很多作弊行为，策略和模型的准确率低，则用户及商户的投诉就会上升。

其次，这是一个快速变化、高对抗的业务。

"科技滋生犯罪，现在想要诈骗可能比我当时要做的容易4000倍。"弗兰克·阿巴格内尔（如图9-1所示）是 *Catch me if you can* 电影的原型，2018年谷歌邀请弗兰克·阿巴格内尔做演讲时回答谷歌员工提问"50多年前，伪造一个证件或者支票是很简单的事，毕竟那时的防伪验证技术也不成熟，今天要想办这件事，可就难多了。那么在技术如此发达的今天，还有人会成功吗？"时的回答。

图9-1 弗兰克·阿巴格内尔

科技在进化，作弊手段也在不断进化。当前的风控策略可以拦截作弊事件，并不意味着以后也能拦截作弊。引用保罗·格雷厄姆在防止垃圾邮件经验里的一句话："说实话，如今的大多数垃圾邮件过滤器就像杀虫剂一样，唯一作用就是创造出杀不死的新品种害虫。"农业中，从来没有哪个农药可以长期、持久、稳定地控制害虫。著名的科学作家卡尔·齐默在《演化的故事中》提到，植物与昆虫每一代都能演化出攻击对方的新方法，化学家却需要花很多年才能发明出新的杀虫剂，在他们做研究的过程中，我们却必须为昆虫演化出来的抗药性付出代价。而具抗药性的昆虫迫使农民花更多钱买新农药，而且可能还会把蚯蚓和其他将有机物变成新土壤所不可或缺的地下生物，也一起杀死。

有一群蚂蚁早在 5000 万年前便开始"耕种蘑菇"（如图 9-2 所示）。它们和农民一样，也必须和害虫搏斗。但蚂蚁会用一种杀菌剂来遏制寄生真菌繁殖。因为蚂蚁的身上覆盖着一层细菌，这种细菌会制造一种化合物，不仅能杀死寄生真菌，还能刺激菜园内的真菌生长。

图 9-2　"耕种蘑菇"的切叶蚁

人类使用杀虫剂时，总是将单一的分子分离出来，然后用在昆虫身上；蚂蚁身上的链霉菌却是一个完整的、活生生的有机体，可以根据寄生真菌发展出来的抗性，随时变化出新的杀菌剂——这叫作共同演化。共同演化是指两个或更多物种之间在彼此交互中互相影响和适应的演化过程。在共同演化中，物种会相互影响对方的遗传特征，以适应彼此的生存环境。和共同演化比起来，农药是相当拙劣的代替品。

在互联网业务领域，其庞大的交易量、信息的易得性、竞争带来的频繁的让利和促销，都使"欺诈"变得越来越值得和越来越容易，隐蔽性越来越强。风控团队如果还想紧紧依赖"杀冲剂"一劳永逸地抑制作弊，可能会适得其反。互联网环境在变化、业务本身在迭代，对应的黑产的攻击手段也在升级迭代，高对抗性、快速、灵活可能是现阶段风控动作的主要特征。找到风控的"链霉菌"，不仅可以发展出抗性，更可以随时变化出新的杀菌剂来取得生态平衡。

🖉 9.1.3　风控不利可能造成的影响

在互联网企业中，风险控制通常指针对用户行为、交易风险、信息安全等方面的控制。如果互联网企业的风险控制不利，可能会面临以下影响。

- **会造成直接的经济损失**。如套取返现、积分、奖励、商家返利等行为会直接消耗公司的营销、运营费用。

- **会导致品牌信誉值下降**。如果用户资产安全、商家的资产安全得不到有效的保障，则平台的可信度自然得不到保障。

- **会严重干扰交易效率**。如刷单、刷评价等行为打乱了商家、用户的信誉体系，而这些信誉体系是平台分配流量等资源、生成交易排序的重要基础；用户的购买目的与偏好不真实，而这些偏好相关信息也是作为搜索推荐排序里的重要特征，基于不真实的信誉体系进行的匹配，交易效率自然受到影响。

- **会导致交易环境恶化**。不刷单的商家发现刷单的商家排在更好的资源位，有两种策略，一是跟着刷单，二是对平台产生不信任感，从而流失。好的行为受到惩罚，促成更多的差的行为。

- **会导致一定的法律风险**。风险控制不当可能会导致企业违反法律法规，面临监管罚款、行政处罚甚至刑事责任等法律风险。

我们经常用北京与墨西哥的治安来比喻风险控制的重要性。北京是世界上治安最好的城市之一，而墨西哥是世界上治安最差的城市之一。这是因为墨西哥城的人更坏吗？不见得。按照社会心理学上的统计，足够大的样本中，"坏人"的比例是相对稳定的。机制有效，则能得到更好的行为；机制无效，则会激发更差的行为发生。同等"坏人"水平下，北京的有效机制就可能抑制其犯罪动机，而墨西哥城的无效机制则无法达成这种抑制效果。

如何建立一个有效的机制，鼓励更多好的行为，控制更多差的行为？我们通常通过风险感知—风险分析—风险治理这三步来提高机制有效的概率。

9.2 风险感知（以外卖业务为例）

9.2.1 扫描业务流程与策略，锁定风控点

我们要能判断是否有风险。最好是天网恢恢，疏而不漏。对手里拿着名为"数

据"和"分析"的锤子的 BI 分析师来讲，第一步，便是建立多维的监控体系。有利益的地方就会有欺诈，风控业务体系建设时，最重要的是把自己放到攻击者的角度思考：攻击者关注什么？答案一般是利益。

以外卖业务场景为例，外卖流程如图 9-3 所示，可带来利益的业务环节包含注册 / 登录、订单、活动、支付、商家、平台员工、配送、投诉、评价、账号等 10 个环节，对应风控节点如下。

- **注册 / 登录风控**：对用户注册信息进行审核，识别是否为真实用户，是否存在欺诈行为。

- **订单风控**：监测用户下单行为是否异常，例如下单时间、金额、地点等，识别是否存在洗单、刷单、恶意下单等行为。

- **活动风控**：对参与企业活动的用户进行监控，识别是否在下单、支付、购买、验券等环节存在欺诈行为。

- **支付风控**：监测支付行为是否异常，例如支付金额、支付方式、支付地点等，识别是否存在欺诈行为。

- **商家风控**：有动机作弊的业务点主要有商家销量和排名等涉及购买、搜索、销量展示等页面。

- **平台风控**：内部员工违规行为干预平台资源配置。

- **配送风控**：监测配送行为是否异常，例如配送员跑单、配送地点等，识别是否存在欺诈行为。

- **投诉风控**：监测用户投诉行为，分析投诉原因和频率，识别是否存在服务质量问题。

- **评价风控**：监测用户评价行为，分析评价内容和频率，识别是否存在刷评、虚假评价等行为。

- **账号风控**：对用户账号进行监测，识别是否存在异常登录、盗号等行为。

多数的欺诈和流程、策略设计缺陷或系统缺陷是息息相关的。通过业务扫描，厘清产品内部可能存在的作弊空间，检查业务流程和策略设计本身是否使"作弊"有利可图。以这样的角度排查，就不容易漏掉风险点。

建立数据指标检测体系，在以上业务环节相关的指标上出现明显的数据变化，或出现极高、极低等异常值，需要及时分析拆解、定位问题。

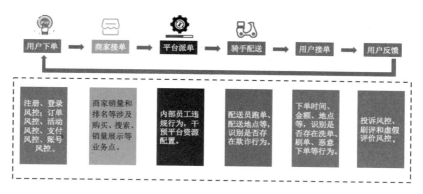

图 9-3　扫描业务流程，锁定风控点

9.2.2　异常值分析与离群点监测

通常是通过日常的关键指标体系监测结合基于模型的离群点监测来执行。

（1）通过指标监测来识别。

在 4.4.1 节中提及，会安排 BI 分析师轮值来监测日常数据，需要注意常规的监测过程中的异常波动，如业务监测体系关键指标突然的、大幅的抖动就需要定位和拆解，并及时与运营、产品同事沟通定位问题，过程中便可以确定由作弊行为导致的监测指标体系的变化。

例如，在业务和产品并没有功能和策略迭代的前提下，配送时间明显变短，就需要打开分析、定位城市、商家和订单，极有可能是商家原地发单，骗取补贴。

（2）用统计方法和算法模型把异常样本找出来，极值、异常值都是需要被关注的样本。

统计方法上依赖各种统计的、距离的、密度的量化指标去描述数据样本跟其他样本的疏离程度，算法模型中比较常用的是孤立森林（IForest）算法模型。孤立森林是一个基于集成学习的快速异常检测算法，用来监测离群点，把业务数据中和总样本不一样的、占比较小的离群样本找出来（如图 9-4 所示）。

例如，外卖业务场景下，使用孤立森林模型来检测虚假订单。在外卖业务中，虚假订单通常是一种欺诈行为，会导致企业损失巨大。虚假订单的特征通常是不规律的、异常的或者与其他订单不同的。孤立森林模型可以通过比较订单之间的相似性来检测出异常订单。

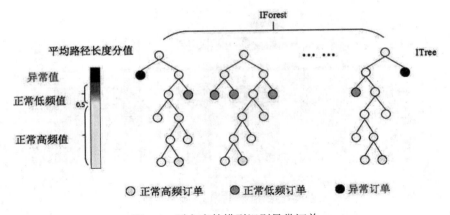

图9-4 孤立森林模型识别异常订单

孤立森林模型的基本思想是将正常数据和异常数据分别视为内部节点和外部节点，建立一个森林结构的决策树。在决策树的构建过程中，孤立森林会随机选择一个特征和一个阈值来分割数据，并且重复这个过程，直到每个数据点都被孤立出来。然后，通过计算每个数据点到达根节点所需要的平均路径长度，来评估数据点的异常程度。通常情况下，异常数据点的平均路径长度较短，而正常数据点的平均路径长度较长。

在外卖业务中，如果一个订单的特征与其他订单不同，那么它的路径长度就会比较短，被认为是异常订单。业务方就可以通过设置适当的阈值来控制检测的精度和召回率。这个算法的优势是不需要标签的训练，也就不依赖人的经验的输入便可以迅速将离群点剥离出来，从而提高识别"作弊"行为的概率。如果异常订单被检测出来，企业可以立即采取措施，如取消订单或者联系用户确认订单信息。

此外，逻辑回归、决策树、随机森林、支持向量机、神经网络、梯度提升树等也是一些常见的风控算法模型，根据实际应用需求和数据情况选择合适的模型进行建模和优化。以上模型在第5章中已有介绍，这里不再赘述。

9.2.3 客服数据监测

用户、商家、骑手等平台参与方以电话拨入，或者线上咨询等方式询问信息，甚至投诉的信息也是重要的风控业务点来源。反常的进线数量的飙升或特定业务环节的咨询都有可能伴随着作弊相关的风险。且一个进线可能预示着一大批类似的事件正在发生，提早识别和干预异常行为就变得尤为关键。

以外卖业务场景为例，某用户在短时间内频繁更换收货地址，并且订单总金额较大，这可能表明用户在使用不同账号进行欺诈交易；某商家突然提高了某个商品的价格，且该商品的销量也急剧上升，这可能表明商家在通过虚高价格获取额外利润；某骑手在短时间内接收并完成了大量订单，而这些订单的配送地址、下单时间等信息高度相似，这可能表明骑手参与了派单炒作等不正当行为。

在国际外卖业务中，南美国家的作弊行为尤其活跃。比如，在巴西新开的一个城市 Salvado，我们就曾经通过监测商家的进线数据来识别商家的作弊行为。为了鼓励商家上线接单，在开城的第一周平台推出优惠政策，即商家佣金和补贴上的让利。BI 分析师发现该新开城商家客服进线数量远高于其他城市开城阶段比率，其中商家如何改菜价、如何设置营销金额等咨询类型的占比远高于其他城市同阶段的数据。经分析发现商家在通过提升菜价和营销菜品占比来骗取平台的补贴。

此外，企业还可以通过客服接线数据来分析骑手与顾客的沟通情况。如果某个骑手与顾客的沟通次数超过了平均水平，那么就有可能存在服务质量问题。此时，企业可以对该骑手进行培训，提升服务水平，降低风险。

对进线数量与进线内容的常态化监测，不仅有利于我们持续倾听用户和商家的声音保持对市场和需求的敏感，更帮助我们对异常场景保持警觉，及时感知和识别作弊行为。

9.3 风险分析（以外卖业务为例）

9.3.1 描述性分析

认识一件事情是解决它的最基本前提。在以上多维监控体系下，为了完整地识别作弊事件，首先需要用谁、在什么时候、什么场景下、对谁、做了什么事情、获得什么利益的框架来构建事件。其次，结合中位值、均值、集中趋势、离散趋势、分布特征等统计值来描述异常事件，帮助我们把握事件全貌。最后，需要展开分析异常事件进一步识别是否确实是蓄意的攻击，以及判断风险的波及面和影响程度。基于以上信息，企业可以更全面准确判断风险级别，以采取调控策略。

下面以外卖场景为例，来了解描述性分析在风险控制分析里的应用。

配送时间是影响订单转化率和用户满意度的重要因素，而分析师在复盘哥伦比亚新开城的城市 A 的复盘数据时发现其配送时间显著长于同等规模城市。于是分析师就配送时间过长展开专题分析。

第一步，构建描述框架。

包含主体、时间、场景、对象、事件、利益，展开是来回答谁、在什么时候、什么场景下、对谁、做了什么事情、获得是什么利益，如图 9-5 所示。

- **主体：**用户、商家、骑手。
- **时间：**下单时间、接单时间、配送时间……
- **场景：**城市、商区、商家，产品使用环境、App、Web 等渠道。
- **对象：**用户、商家、骑手或平台。
- **事件：**下单、接单、出餐、配送……
- **利益：**平台补贴、平台排名、评价数量……

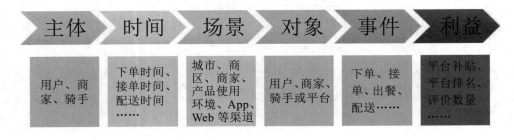

图 9-5　描述框架

第二步，按分析主题确定指标项与拆解维度。

- **指标项：**下单时间、接单时间、商家出餐时间、骑手配送时长、配送距离、预计配送时长、实际配送时长、用户满意度。

- **拆解维度**：城市、商区、商家、骑手。

第三步，对比 A 城市与相似城市的中位值、趋势、集中程度、离散程度。

分析发现：

- 配送时长中位值 A 城市显著长于其他城市。
- A 城市下单时间中午高峰段占比明显高于其他城市。
- A 城市异常订单占比有明显的商区聚集情况。
- A 城市异常订单占比有明显的骑手聚集情况。
- A 城市配送距离与其他城市近似偏短。
- 按异常订单骑手集中度判别差骑手，发现 A 城市差骑手占比明显高于其他城市。

结合竞争环境，暂时定位为集中商区的高峰期骑手的差行为导致的配送时间异常。接下来需要与业务分享分析结论，并进一步探讨背后可能的根本原因与对策。

9.3.2　根本原因分析

根本原因分析（Root Cause Analysis，RCA）主要通过抽丝剥茧的方法找出问题的根本原因，并基于原因制定改进策略，再执行改进措施来防止同类型的事件发生。这个方法的基本假设是世界是确定的。解决问题的最好方法是修正或消除问题产生的根本原因，而不是仅仅消除问题带来的表面上显而易见的不良症状，希望通过分析问题的根本原因并进行改进，使问题复现的概率降到最低。

在进行根本原因分析时需要具备的条件是引入对业务流程与策略非常清楚的前线人员来一起归纳和推理，大多数时候需要进一步的访谈和调研来完成归因。发生了什么？为什么发生？根本原因分析主要围绕这两个问题展开，分析过程中通常需要引入业务、产品、研发专家来复原当时的情况，找出问题的根源。具体分析步骤可以分为确定问题、收集数据、识别可能的原因、识别根本原因、输出改进建议五步，如图 9-6 所示。

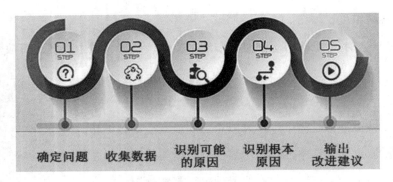

图 9-6　根本原因分析流程图

延续 9.3.1 节中的配送时间过长分析议题。为了进一步了解骑手差行为背后的归因，分析师与业务运营人员、产品人员协作分析可能的原因。

分析师抽样，复原异常骑手轨迹。通过骑手高峰期异常订单的配送轨迹，来推测同样距离对应更长的配送时间背后的原因，发现骑手在正常抵达订单配送目的地附近后，没有直接去送餐而是在周边徘徊了很长时间，导致了配送时间过长。通过与运营同仁与前线骑手访谈，最终定位出骑手异常配送时长是由于骑手同时接竞争对手的平台订单与本平台订单，然后选择先送竞争对手的订单。

9.3.3　共同因素分析

我们依然要强调因果关系在数据分析中的重要性。如果找不出问题的原因，我们常常会觉得分析结果不可靠。尤其是在与业务方沟通和落地时，常常会遇到一些阻力。能找到确定的因果关系当然是好的，但也必须面对探究因果关系的时间成本和更复杂的交易履约场景带来的不确定性。并非所有问题都能找到原因，或者及时找到原因。

在这种情况下，可以通过增加数据量，使用数据中包含的信息来帮助我们降低不确定性。数据之间的共性和相关性在某种程度上可以取代原来的因果关系，帮助我们获得能够支持决策的信息。这也是吴军在《智能时代》中强调的大数据思维的核心，这种思维方式和原有的机械思维（从实践中总结出最基本的公理，然后通过因果逻辑构建科学体系，用来解释更大范围的自然现象）并非完全对立，更像是后者的补充。

共同因素分析（Common Factor Analysis，CFA）的基本假设是，世界是复杂和不确定的。数据可以通过增加信息来不断降低不确定性，从而帮助我们找到解决问题的方法。如果我们没有找到问题的根源，通过不断分析和切分数据，通过相关性分析、模式识别等方法来寻找事件之间的共性，以作为解决问题的依据，如图 9-7 所示。不必纠结问题的形成原因。

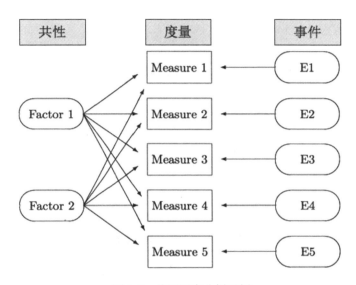

图 9-7　共同因素分析示例

例如，亚马逊的啤酒和尿布之间的关联性很高。如果你知道这一点，就可以通过将啤酒和尿布放在一起来进一步提高两者的销量。又例如，谷歌和微软的搜索引擎之争。虽然它们的算法基本相同，但谷歌的数据量更大，每次搜索所召回的信息的不确定性更低，搜索结果的质量更高。这样不断循环，谷歌始终保持市场领先地位。

对于外卖业务，即使我们不了解骑手在高峰期优先为竞争对手配送的情况，但我们已经了解了高风险商区、商家和骑手，以及高频出现问题的时间段。因此，我们可以通过调整分配单量和派送策略，给骑手的好行为以激励，惩罚差行为，提高整体配送效率。改善骑手配送的差行为，并不一定需要等待调研结果并找到根本原因。可以通过识别差行为的共性并召回疑似差行为并给予相应的惩罚来阻止这种行为，从而达到改善的效果。

9.4 风险治理

9.4.1 治理的环节

动态攻防是风控本质诉求，能否快速应对有组织批量攻击是风控是否可以在对抗中取胜的关键。按照互联网经常出现的风险类型，对应的治理环节可以归纳为识别用户身份、识别用户信誉值、识别异常行为、识别作案团伙、识别作弊内容等五类。

（1）识别用户、确认用户信息是否真实。通过生物指纹、人脸认证、设备指纹、本人本机本设备认证等多种手段核实线上客户身份。这个很容易理解，如支付宝、微信都需要手机验证码或人脸识别才能确认为本人，允许登录。

（2）通过评分体系赋予参与方信誉值。可以基于客户属性数据、行为数据构建基于业务领域知识的规则或基于算法模型提炼建立信用体系，信任赋予白名单，不信任则归入黑名单拒绝访问与交易。这个操作也比较常见，如我们常见到芝麻信用分就是评分卡典型的应用。

（3）识别异常行为。由于作弊行为的目的性非常明确，一般呈现与正常用户不同的行为序列，一段时间内重复做相似的事情，以及短时间很多人做相似的事情等特征，可以用 Facebook 的 CopyCatch、SynchroTrap 或者 LockInfer 等基于用户短期行为来识别欺诈动作。如少量的 IP 对应大量的用户，且这批用户账号社交关系非常少，甚至很多是社交关系孤岛——没有朋友，而后对应短时间内高频度的点赞等行为，就有必要怀疑是否是刷赞行为。

（4）识别作案团伙。主要是对应黑色产业链，据有关分析从业人数已百万级，产业规模已千亿级。按照物以类聚、人以群分的朴素假设，不怀好意的用户和商家总是在某些特征上有所聚集，可能意味着背后就是黄牛、刷单公司，一般组织性强、破坏性大。硬件设备、IP 和 cookie 等物理地址、社交关系、通讯录关系、地址关系、分享、推荐关系、交互关系、图片、文本等信息均可以用来提炼相似性，通过 K-means、CNN 等聚类算法或图模型等社区发现算法划分社区。首先是用来识别存量的团伙关系，其次当有一个用户到来的时候，看其属于哪个社区，根据该社区的属性确定该用户是否为欺诈用户。

（5）识别作弊内容。作弊内容等具有非常高的共同特征，如垃圾邮件一般都会有链接、引导注册的词汇，以及很多感叹号等特征，可以按照业务经验值来提炼高频词，当然也可以通过贝叶斯、文本分析等现成的算法模型来标识内容为垃圾或作弊的概率。

9.4.2　治理的策略

从数据驱动的角度出发，风控治理的策略可以分为两种：规则触发策略和算法触发策略。

（1）首先了解规则触发的策略。规则触发，又称专家规则触发，是目前较为成熟的反欺诈方法和手段，主要是基于业务专家和反欺诈策略专家的领域知识和经验制定反欺诈规则触发预警。例如，在输出黑名单时，专家基于以往经验，总结五线城市，18～25岁刷单的概率较高，于是城市级别与年龄作为黑名单计算的权证证据（Weight Of Evidence，WOE），用来计算信誉值，作为判断用户作弊概率的依据。

优点是很明显的，由于是基于领域知识触发的人理解的规则，简洁且可解释性较强。但缺点也相对明显。

第一，专家规则过滤出来的用户或者行为是线性边界，意味着一刀下去可能会有误伤，也有可能会放过坏人。

第二，靠少数业务专家和风险策略专家，很难穷举所有的规则，因为没有谁可以掌握和提炼完整的、全部的知识来提炼所有的规则。

第三，伴随着滞后性，只有在重复出现多次，通过归纳、演绎才能提炼出规则。

硅谷的创业之父，保罗·格雷厄姆在治理垃圾邮件的时候一开始就是用几个简单的规则拦截垃圾邮件，刚开始可以拦截大部分垃圾邮件，准确率也不错，但后来再想去提高几个百分点，变得异常艰难，而且存在误判的情况，而将一封正常邮件错判为垃圾邮件后果比较严重。

（2）其次来了解算法触发的策略。算法触发，也叫智能风控策略，基于用户的属性数据、设备数据、行为数据等信息通过数据模型来判断是否为风险用户、风险行为、风险内容等。例如，在输出黑名单时，通过GBDT、逻辑回归等分类模型判断样本粒度的业务风险概率。

第一，输出非线性决策边界，意味着召回的范围和准确率一般都会高于业务规则的结果，误伤和放过坏人的概率变低。

第二，通过半监督和无监督的算法，机器可以自己选择有效的、信息价值高的特征向量作为判断的依据，只要特征选取全面、特征工程科学，则可以进一步保证信息的完备性。

第三，模型可以按天更新，新的数据输入进来，可以迅速更新到算法中，信息处理的及时性相对有保障。

硅谷的创业之父，保罗·格雷厄姆后来转向了基于贝叶斯统计的模型触发的垃圾邮件过滤，准确率提升到 99.97%，误判率接近 0。

需要指出的是，算法触发的策略和业务规则触发的策略并非完全对立，相反，两者互为补充。首先，重温一下光信老师的教诲"有边界的，可描述的，以前大量发生过，以后也会大量发生的决策，机器大概率要比人高效"。其次，我们还是继承多样化思维的策略，以多种不同的方法来接近未知，使我们的策略不断完整且精准地向真相收敛。

此外，通过制定完善的风险管理策略和流程，建立统一的风控管理体系；采取包括加密、防火墙、安全验证等多层次的安全措施，加强对信息和数据的保护；加强员工的风险意识教育和培训，建立风险意识和责任意识也是实现风控治理的重要方面。企业应该通过全面的风控管理措施，建立完善的风控管理体系，以保障企业的稳健发展和用户的安全利益。

第 四 部 分

回顾与展望

数据驱动随处可见

　　写书是一件很主观的事情，这一章主要是我对个人已知信息的总结与概括。回归到日常生活，我们会发现数据和信息已经渗透到我们生活的方方面面，带来了许多变化。在这里，我将分享几个在衣、食、住、行方面展现出强大数据应用能力的企业，这些企业将数据与业务领域结合，释放出了潜在的生产力。通过这些企业的案例，我们可以更好地理解数据在未来的发展中所扮演的角色。

 衣

10.1.1　SHEIN是什么

我是一年四季优衣库的人，而优衣库之前，我主要是靠我妹妹的接济解决穿衣问题。理解时尚和这个世界的服装是如何连接起来的，对于我来说是一件比较困难的事情。但 SHEIN 看起来解决了这个全球性问题。

2021 年 5 月，SHEIN 超过亚马逊成为购物类型里下载量最大的 App，2022年 4 月，SHEIN 以"中国最神秘独角兽公司"身份引发关注，估值或达 1000 亿美元，超过 ZARA 和 H&M 的市值总和，是两个拼多多的估值。此前，SHEIN是一家非常低调的跨境电商平台，以至于当新闻爆出来独角兽身份，甚至连大多数互联网行业从业者都在问 SHEIN 是什么。

SHEIN 在 2008 年成立于南京，最早以婚纱生意起家，2012 年转型做跨境女装，凭借低价和"小单快返"（小批量首单，多频次补单）的模式迅速崛起，业务覆盖 224 个国家和地区的跨境电商平台。一开始被行业视为"线上ZARA"，现在已远超 ZARA。

创业成功本身是一件非常低概率的事情，按北京大学国家发展研究院的姚洋的统计，成功的概率仅为 1/2900。SHEIN 一定是有天时地利人和，加上创始人坚定的性格，一定还做对了很多其他的事情，但我们今天就从"手里拿着数据这个锤子"的分析师的视角去观察 SHEIN，探索它领先于同行的关键举措。

先向读者交代一下快时尚这个行业基本特征。快时尚竞争大致可以认为经历了三个阶段：**第一阶段**为 GAP、ZARA、H&M 和优衣库引领的传统的快时尚，通过整合供应链来提高响应市场的效率；**第二个阶段**由 NOVA、ASOS、BOOHOO 等公司引领，特征为去掉门店，直接开网店来进一步提高整体市场响应能力，叫作 Ultra Fast Fashion；**第三个阶段**由 SHEIN 引领，通过进一步提高对需求的相应能力，对供给链的把控能力，提高效率，叫 Real Fast Fashion。

再来关注一下 SHEIN（如图 10-1 所示是 SHEIN 官网的截图）的基本特征。上新快、品类多、性价比高和"上瘾"是市场对 SHEIN 的概括描述。SHEIN 一

天可以上新 600 ～ 1000 件，单品价格主要在 1 ～ 30 美元，且因其灵活多变的营销方式，用户参与程度非常深，评论、晒单、带转介绍各项效率都远高于同行。SHEIN 是如何做到的？

图 10-1　SHEIN 官网截图

10.1.2　SHEIN 的数据驱动的运营机制

SHEIN 的运营机制以快速迭代、数据驱动、供应链优化、社交化营销和个性化定制为特征（如图 10-2 所示），这些特点使得 SHEIN 成为一家快速响应市场变化，具有强大竞争力的电商平台。

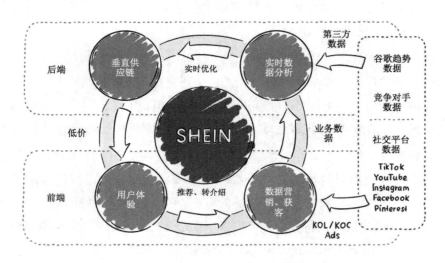

Shein's Real-Time Retail Flywheel, Analysis: Matthew Brennan

图 10-2　SHEIN 的运营机制特点

图片来源：https://www.notboring.co/p/shein-the-tiktok-of-ecommerce

（1）"算"出流行。

和设计师的灵魂和品牌的态度的服饰品牌不同，SHEIN 本身并没有一个固定的风格，也并不会试着将某一种"态度""性格"推广给全球的消费者，SHEIN 是用数据"算"出流行——做全球流行的镜像。

《晚点 LatePost》曾报道，原 SHEIN 移动总经理裴旸在一个活动上展示了公司的追踪系统，SHEIN 会利用谷歌趋势（Google Trends Finder）和网页爬虫工具，采集各大服装网站和品牌流行等第三方数据来总结当前流行的颜色、价格变化、用什么图案，而后将这些信息扩充到自己的元素库内，提供给设计与打版团队，这支团队可以在最短 3 天内完成产品由设计图稿、生产制作到在线销售的整个流程。例如，2018 年，SHEIN 依靠以上数据，成功判断当年美国本土流行蕾丝、印度流行全棉。

SHEIN 追踪系统更像一面"镜子"，是每一个国家、每一个地区流行元素的"镜像"，它依靠数据去提炼各个国家、地区正在流行的"态度""风格"和"元素"。这样，仅仅依赖工作 1 ～ 2 年的大专毕业的设计师团队，SHEIN 就能准确地把握沙特阿拉伯女子的时尚需求，并迅速形成设计图案。据《钛媒体》报道，优衣库对于时尚潮流的预测一般会在一年前开启，ZARA 产品的提案和准备是两个月，而 SHEIN 对于时尚的捕捉其实是靠全网实时时尚元素的爬取，定款之后，从设计到成衣，SHEIN 只用两周。

而这也许只是冰山一角。未来，通过数据服装设计有望通过算法和模拟来加速设计流程，更准确地预测服装设计的成功概率和受欢迎程度，实现更加个性化的定制和生产，提高设计效率、降低成本、提高产品质量，并实现更加个性化。如今 AI 又有了新的技能树——AIGC（AI Generated Content），可以通过文本触发图像的生成。OpenAI 是这个领域的领航者，只要把文本描述输入到程序里，程序就生成与描述内容高度匹配的精准图片。这些程序还支持各种风格，从油画、CGI 渲染到实景照片无所不包。假以时日，SHEIN 是不是可以连设计图案都不需要人工处理了呢？

（2）铸就供应链的快和柔。

● **建立小单快返模式。**

SHEIN 采取"小单快返"（小批量首单，多频次补单）的供应链模式，是公认的 SHEIN 核心竞争力之一。相对于传统供应链基于对流行趋势的预测与判断形成多面料、全尺码、多 SKU 的"规模"备货，"小单快返"模式是用少量面料、部分尺寸、少量的 SKU 来测款，等通过测试确定了市场欢迎度，才开始形成规模订单。这个模式最早其实是由快时尚的鼻祖 ZARA 开创，但 SHEIN 充分利用了背靠中国强大的服装供应链的优势，进一步推进了其敏捷的特征，小单更小，补单更频。SHEIN 会生成大量小于 100 单的小单，做市场测试，市场反馈好的，便会迅速增加订单量，加大生产。还是来自《晚点 LatePost》的信息，一份 2018 年 SHEIN 的商业计划书显示，SHEIN 爆款率在 50%（行业均值 20%）、滞销率在 10% 左右，显著优于 ZARA。压中爆款后，通过后续增加订单，单件成本就能大幅降低。

- **深度整合供应链**。

第一，SHEIN 坚持按时付款，提高支付环节的确定性，使供应商更信任 SHEIN，优先接 SHEIN 的单。

SHEIN 并不是第一个想到做"小单快返"模式的公司，但它是第一个做成的。一开始供应商是不搭理的，因为就生产 100 单，而这个规模不足以弥补开工损耗，因为单量太小，大量人工会闲置，机器一开就亏本。SHEIN 先用补贴确保工厂生产 100 单不亏，其次，也是最重要的，不拖欠货款。其他公司 90 天到款，SHEIN 30 天就会把钱打到供应商账户上。而且 SHEIN 也不和拖欠上游账款的供应商合作，一旦有举报就会终止与该供应商的合作。

供应商在提供完商品后拿不到回款，这在当下依然比较普遍。因为工作关系我曾短暂住在东莞。东莞是毛织产业很活跃的地方，当地的很多网约车司机师傅都做过毛织厂，大部分是因被拖欠账款而破产。尤其是那种接了大单后收不到款的情况很频繁且后果严重，支付确定性得不到保障严重损害了供应链的健康有序运转。在这个背景下，SHEIN 坚持按时打款，并约束整个链条去及时打款的策略，极大地提高了支付的确定性，降低了供应商与 SHEIN 协作成本，为健康而活跃的供应链打下了基础。

第二，进一步打通整合订单需求与供应链环节的信息，使后端供应链可以提前做更确定的计划。

柔性供应链的本质即是从终端销售和消费决策电商平台上获取大数据，向后端供应系统和生产商反馈信息，适时调整生产计划，改变商品产量、种类或组合。SHEIN 自建了一套管理供应链的系统，通过自己的管理软件，和供应商共享客户实时数据，并借此指导设计、管理生产过程，提高整体供应链的效率。一方面 SHEIN 充分通传前端的信息给 SHEIN 供货的这些厂商和工人，能够在第一时间掌握流行趋势，并在短时间内生产出来；另一方面，供应商也需要向 SHEIN 提供原材料价格数据、订单数据等，SHEIN 据此建立定价体系。根据这个体系，SHEIN 可以倒推出某个产品的生产成本，进而锁定一个价格区间，并以此作为衡量工厂报价的依据。

供应商尽可能配合 SHEIN 提出的高质量服务要求，在 SHEIN 发展壮大后，再反过来扶持厂商发展壮大。目前被 SHEIN 纳入供应链体系的工厂至少有 6000家，SHEIN 的胜利，更是它和它背靠的中国供应链进化的胜利，推动了整个供应链生态螺旋向上的进化机制。

（3）建立敏捷的营销机制。

引导用户现在下单，多下几单，分享体验、推荐好友赚取佣金等机制几乎贯穿 SHEIN 的购物环节。

- **用户触达**上，充分利用社交媒体的关系数据，佣金返点来刺激转介绍。它与头部意见领袖（Key Opinion Leader，KOL）展开合作触达用户，同时不遗余力地发展关键用户（Key Opimion Customer，KOC），不论粉丝数多少，只要有账号就可以参与推广，潜在客户点击后并最终在 SHEIN 平台下单，就能拿到 10%～20% 的佣金。SHEIN 是最早发现网红营销优势的品牌。其品牌自营网站早期几乎 100% 的流量都来自网红推荐，投资回报率高达 300%

- **内容运营**上，首先是鼓励用户在社群上展示自己喜欢的穿搭，作为回馈可以试穿 SHEIN 的新款式衣服，于是"SHEIN 女孩"便也出现在各大社交媒体上；其次 SHEIN 本身坚持保持高消费者互动，如品牌在 Facebook 平台上每天保持着 6～9 篇的贴文发布，并且不断寻找能使消费者产生共鸣的内容以提高消费者互动，SHEIN 2019 年互动量最高的帖子，评论互动数达 50 000 余条。

- **下单干预**上，包括但不限于带倒计时的限时折扣、独家会员折扣、向消费者推荐热门趋势、可能喜欢的其他物品来提高用户现在下单，多下几单的概率。免费退货、难以抗拒的低价和新产品不断上架所推动的，并被精细缜密的购物流程设计出来的"上瘾"，SHEIN 的复购率高达

30%。一个中性的表象是，因其过分充分地挖掘购买潜力，被评为全美最具操作性的购物 App（如图 10-3 所示）。

图 10-3　Business Leader 报道 SHEIN 被评为全美最具操作性的购物 App

此外，值得注意的是创始人许仰天早期是通过搜索引擎优化起家，而搜索引擎优化本身就是不断用数据来测试市场并迭代策略来提高效率的行当。大家对许仰天的印象是"极致"。据传，当初许天仰做 SEO 的时候，他一天到晚测试，营销成本控制得比同行便宜 70% 以上。不断用数据来测试市场并快速迭代策略，将细节追到极致，也许正是描述 SHEIN 建立起的实时零售新规范的底层逻辑。SHEIN 的胜利，也是更高效的运营机制的胜利。

10.2　食

10.2.1　编辑基因——获得更好的西红柿种子

小时候夏天是可以去菜地里偷摘村里的黄瓜和西红柿的。长大之后，一直有一个朴素的愿望——想吃一个好吃的西红柿。什么才是好吃的西红柿？沙瓤、酸酸甜甜……那种不会让我想起"拖鞋味"的西红柿。如果硬要拆解，它主要是有机酸与糖类的组合。为什么很多西红柿是"拖鞋味"？研究者们解释那些现代西红柿不好吃的根源所在是基因不一样。与传统品种相比，现代品种共有13种风味相关的挥发性成分含量显著降低。而在西红柿风味黯然失色的今天，作为更古老西红柿品系的传统的西红柿仍然保持着比较香甜的风味。

为什么出现这种结果？这是市场选择引导的"基因变异"。在西红柿逐渐走向大众化市场的过程中，好看、保存时间长、路上不会轻易破损等特质变得越来越重要，作为结果，过去十几年种植者选择培育品种一直以抗病性、产量、硬度、果实外观等性状为主要评价指标，风味的排序相对靠后。于是出现在我们餐桌上的西红柿就成了只好看不好吃的"红彤彤的拖鞋味"西红柿。

有没有人想改变这个现实？有一家相对年轻的育种创业公司——中农美蔬，开始从种子基因信息抓起。2021年3月，中农美蔬依托中国农业科学院深圳农业基因组研究所正式成立，致力于开展农业生物技术、美味西红柿等蔬菜水果新品种培育及全产业链开发，他们早在2012年就参与了西红柿的基因组测序工作，在西红柿育种领域耕耘时间长、沉淀也颇为深厚。经过近一年的探索，中农美蔬已完成1000多份西红柿和600多份黄瓜种质的测序，中农美蔬先后培育出了深爱1号、2号、6号、8号和9号几款产品，虽然各有特色，但相对于市场上的"硬通货"，这些西红柿显然都更接近于沙瓤、酸甜、汁水四溢的老西红柿。好吃的西红柿，从基因信息抓起。

"算法指的是进行计算、解决问题、做出决定的一套有条理的步骤。"这里以色列历史学家尤瓦尔·诺亚·赫拉利在《未来简史》中提出的，并指出他认为生物的本质其实是算法。在赫拉利的世界框架里，生物的基因组也可以理解为是应对生存环境的"解决方案算法"，而对其干预能力的提升，也意味着我们可以在较大的自由度中与自然交互。想要更硬的西红柿，可以；想要更酸甜的西红柿，也可以。

ⓔ 10.2.2 数据驱动，提高种植效率

中农美蔬的深爱系列之前有没有好吃的西红柿？有，就是贵。以日本静冈出产的高糖水果西红柿为例，糖度高达8度以上，比普通西红柿高1.5倍，在电商平台上，1千克在800元上下，受高端消费者的追捧，但让我瑟瑟发抖。

再退一步，中国农业宏观现状又如何？中国科学院的研究数据显示，中国以全球 7% 的耕地养活了全球 20% 的人口。而这是我们一直引以为傲的事情，但在这个过程中，我国使用了全球约三分之一的化肥和一半的农药，也直接带来了食品质量、安全、环境等问题（36 氪报道）。我国农业单位规模小、科技水平低可能是最基本的现实。成立于 2016 年的爱科农，专注于为农业生产者提供全生育期种植决策指导服务，希望通过数字化管理系统提高农业生产者的决策效率。

在一次智慧农业论坛上，创始人郭建明提到，农业长期受制于气候、环境、人工经验等随机因素影响，产量和质量的可控性都较低。以种植为例，种子、土壤、降雨、温度、大风、病虫害、人工操作等都会影响最终结果。数字化可以大幅提升农业中的确定性：无论是通过为农场做环境监测、模型计算和风险预警，还是以 AIoT 智联网切入畜牧业，或以机器学习等农业数字工具赋能种植业，都可显著提升产业效能，同时也能够为农业的低碳化进程持续创造价值。

爱科农希望可以实现"傻瓜种植"，如通过结合遥感技术和算法模型，输出准确率符合使用场景的耕地类型识别、轮作识别、产量估算、种植范围提取、长势监测、病虫害监测、旱灾监测来指导农业生产者种植哪一个农作物，什么时候、以多大的密度种植，如何施肥、施多少肥；再通过无人机光谱摄像机（不同的农作物在不同的光谱之下，反射不同）根据反射曲线进行估算，几分钟时间便可识别肥料是否短缺、田间农作物是否处在最佳生长状态，可以很快识别田间异常情况，引导农业生产者采取针对性措施（如图 10-4 所示）。

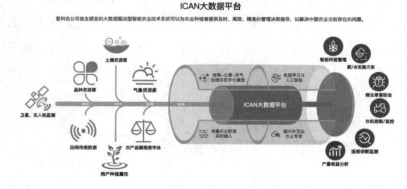

图 10-4 实现"傻瓜种植"

图片来源：爱科农主页

通过数据输出决策建议，帮助农户实现产量的提升，西红柿应该就不会那么贵了。

10.2.3　数据驱动，提高交易效率

要让消费者买得到好吃又便宜的西红柿，需要从交易效率抓起。

如果好吃的西红柿在四川，西红柿种植地方圆5千米范围内很便宜，那么爱吃西红柿的我除了羡慕农场主的邻居，能做的比较少。而拼多多，国内最大的电商平台之一，觉得这样不好。

（1）拼多多的第一个策略是将更多的农户纳入线上交易链上来。

2018年，拼多多发起"多多农园"项目，花费了大量人力、资源去和农户沟通，为他们制定课程，教他们如何在电商上卖农产品，教他们成立农业公司，提供供应链管理、品牌设计等全产业链的扶持。通过降低农户加入互联网的门槛，使更多原本无法加入线上交易链的农户加入进来，从生产源头来丰富平台农产品的供给。

（2）拼多多的第二个策略是提高农户生产效率。

2021年8月，拼多多成立了"百亿农研"专项，用来支持农业科技的研发探索。通过支持农户产业链的效率，提升平台上农产品的品质。"百亿农研"专项不以商业价值和盈利为目的，将致力于推动农业科技进步，帮助消费者节省挑选时间，助力优质农产品卖出更好的价格，获得更好的品牌能力。拼多多联合创始人陈磊曾说过，农业和农产品触及所有人的日常生活，同时也是一个相对数字化率较低的领域，团队中很多成员都是技术出身，希望通过设立"百亿农研"专项，用技术的方式为农业现代化和农村振兴贡献力量。

（3）电商助农，零佣金是拼多多的第三个策略。

生产环节分散、规模化程度低、流通环节层级众多、交易成本极高，这可能是中国农业交易现状的基本特征。拼多多是如何助农的？

- 将上游分散农户的货源集中到平台上，并有效对接到下游多元的消费者，这促成了平台上大量的交易产生。

- 通过线上交易的方式，绕开中间的层层加价，实现上游种植端与下游消费端的对接，以此来降低农产品流通环节中的成本，并实现相对较低的销售价格。

- 通过把个性化的需求归集成有一定时间冗余的计划性需求，尽管这类订

单的需求量小于传统的批发商或商超渠道，但是它足以撬动上游生产要素的按需调整。

通过培训与教育纳入更多供应商入场，通过专项补贴不断探索生产效率空间，通过拼购等购物模式将需求汇集到一定规模，帮助消化掉了大批量的当季农产品，再提炼一定富裕度的计划性需求来改变"生产侧滞后性和高度刚性计划性"，使供需更加平衡。

10.2.4 数据驱动，提炼市场信号

Misfits Market 是一家看似简单的生鲜电商平台，其创始人 Abhi Ramesh 是一位印度裔美国人。他的平台以低廉的价格销售看起来"丑陋的"或"畸形的"农产品（如图 10-5 所示），以满足特定市场需求。

图 10-5　Misfits Market 官网截图

Abhi Ramesh 的创意源于他和女友的一次旅行。当他们在苹果园和当地农民交流时，得知符合标准的苹果会被销往经销商和杂货店，而那些"丑陋的"或"畸形的"则被丢弃。然而，这些产品实际上没有任何本质问题，只是消费者通常会选择外表看起来正常的水果和蔬菜。事实上，长得不太好看并不影响它们的口感和营养价值。显然，Abhi Ramesh 并非唯一一个这样想的人。Misfits Market 通过将产品价格降低 25%、产品含量增加 20% 的方式，将这些产品提供给"不挑剔外表"的用户，以实现更便宜的价格和更快的交付速度。

人的决策是可以被训练的。由于人们总是偏爱美观的事物，潜意识中会

认为外表丑陋的水果味道不如美观的水果好。然而，实际上外表美观和水果的营养价值并没有直接关系。对于大多数人来说，购买水果和蔬菜的主要目的是为了摄取其营养成分，而不是欣赏它们的美。因此，如果我们可以通过数据提供更充分的营养相关信息，来引导用户做出更明智、更接近他们需求的决策，那么每个用户的决策将在市场中汇集，形成关注营养价值和味道的市场需求信息。

如果我们能够为不好看但营养价值高、功能完善的产品找到更多销售渠道，可能就能够避免市场过度追求外表美观、易于运输的蔬果，而忽略了那些更有价值、更好吃的品种。这样，市场就能够朝着注重营养价值和口感的方向发展。我们将更有可能买到那些既好看、易于运输，又不会很快变质、口感平庸的"红彤彤的""拖鞋味"的西红柿，而能够更多地获得更自然、更健康、营养价值更高、口感更好的蔬果品种。这样，通过更多的数据分析和决策，消费者能够更容易地选择符合自己需求的产品，而这些符合消费者利益的选项将在市场中获胜，市场也会更加重视健康需求的信号，推动供给侧生产出更好的产品，从而形成良性的循环。

（10.3）住

10.3.1　比尔·盖茨的未来之家

智能家居概念的兴起可以追溯前世界首富——比尔·盖茨的未来之家。1994 年比尔盖茨将灯光、暖通、家电等集成在电脑系统中，建造出全球智能化程度最高的豪宅，被誉为"未来生活的典范"，智能家居开始进入人们的视野。"在不远的未来，没有智能家居系统的住宅会像不能上网的住宅一样不合潮流。"1995年，盖茨在《未来之路》中预测到。

当然，我没有去过他的豪宅，但是根据百度百科，他的智能豪宅是这样的：

- 豪宅的大门设有气象感知器电脑，可根据各项气象指标控制室内的温度和通风的情况。

- 来访者通过出入口，其个人信息，包括指纹等，就会作为来访资料存储到电脑中。

- 通过安检后，保卫人员发给来访者一个纽扣大小的东西，佩戴上它，来访者在比尔·盖茨家的行踪就一目了然了。

- 会议室智能化程度最高，比尔·盖茨在这里随时可以召开网络视频会议。

- 室内所有的照明、温湿度、音响、防盗等系统都可以根据需要通过电脑进行调节。

- 地板中的传感器能在15厘米内跟踪到人的足迹，在感应到人来时会自动打开照明系统，在离去时自动关闭。

- 厨房内有全自动烹调设备。

- 厕所安装了一套检查身体的电脑系统，如发现异常，电脑会立即发出警报。

- 唯一带有传统特色的是一棵百年老树，先进的传感器能根据老树的需水情况，实现及时、全自动浇灌。

- 当然，我们不能错过养了鲸鲨的客厅水族馆。

"联结"与"对话"是关键，把人的需求与电脑、家电完整联结，并且用共通语言彼此对话，让电脑能够接收手机、收讯器与感应器的信息，而卫浴、空调、音响、灯光系统也能"听得懂"中央电脑的指令。据百度百科，比尔·盖茨整座豪宅内，大约铺设了长达80千米的电缆，用来解决信息传输问题，而种种信息家电，就此通过联结而"活"了起来，加上宛如人体大脑的中央电脑随时接收信息、下达指令，比尔·盖茨的豪宅也就"神"了起来。

时代的红利，使我们得以用容量更大的无线宽带来替代电缆，而且智能模型可能还是自学习的。

10.3.2　交互：基于语言交互的智能音响

先从插座、开关、电灯等确定性较强、逻辑较简单的功能替代开始，随着物联网、人工智能的进一步发展和普及，家居智能化也向更广更深的方向发展，家庭场景下的传统设备如冰箱、电视等，它们在AI的加持下成为智能家居的一部分，接着随着语音识别准确度的提升，我们迎来了以语音交互为主要模式的智能音响。

Echo 是 2014 年 11 月由亚马逊公司推出的一款全新概念的人工智能音响，Echo 音响使用的智能语音交互技术是 Alexa，可用 Echo 或者 Alexa 来唤醒音响。这是个会说话的音响，这个被称为"Alexa"的语音助手可以像你的朋友一样与你交流，同时还能为你定闹钟、播放音乐、播新闻、添加购物订单。同时，它可以联结其他智能电器，使你可以用语言控制智能家居，关空调、调灯色无须从沙发站起来。Alexa 会学习，随着时间的推移它会更好地识别命令，你也可以到网页版访问你和音响的对话历史，对每次对话的答案标记是否满意，帮助它去提高"说话"技能。

需要单独强调的是，Alexa 服务是对外开放的。不仅 Echo 能用，其他硬件也能用。开发者可以为 Alexa 开发插件，贡献更多的功能，如果星巴克希望用户通过 Alexa 来订购他们家的咖啡，只需要开发一个小插件就行，现在已经有成千上万家企业在这么干。亚马逊的目标，是想让大家生活在一个 Alexa 无处不在的世界，"无论你在哪里，或者在跟哪个设备进行语音交互，你都应该可以和 Alexa 交谈"。

从用户的角度感知，变化还是比较具体的。它解放了我的双手，让我可以原地不动享受服务。我不用再跑到电脑前或者拿起手机触发任务，因为坐沙发上一动不动通过智能语音沟通一样可以解决任务，得到想要的结果。

那么平台的价值点是什么？得到新的流量入口和建立一个全新语音优先的计算平台的机会。无论你什么时间，在什么地方，执行什么任务，都可以通过语音助手控制家中的一切。

10.3.3 领会意图：环境计算

假设你不记得是否关好了车库门，你可以通过智能应用来确认是否关好了。但如果你都不记得去确认是否关好了呢？ 环境计算的接近方式为，嘿，我发现你没有关车库门，要不要我帮你关掉？如果你是故意没有关，你可以告诉它不用关，但如果你是忘记关，你就可以告诉它关掉。

环境计算，旨在以最大限度地尊重你的需求、你的习惯，以让你舒服的方式协助你。AI 小伙伴基于整合到一起的最接近完美的信息来理解当前环境，结合你的需求和习惯获取你当下的意图，并无缝地协助你。2021 年亚马逊云大会上，Alexa 的首席工程师 Jeff Blankenburg 讲到。

环境计算涵盖了应用机器学习和其他形式的人工智能程序，其特点是具有接近人类的认知、行为能力和语境意识。物联网传感器把人们的动作和日常习惯传到云端，AI 系统吸收数据并优化执行环境计算场景的智能设备的指令。这是一个快速发展的领域，意味着未来几乎所有的事情都是互相关联的、智能的，它创造了一个数字环境，在这个环境中，企业将技术无缝地整合到我们身边的每个事物中，发挥其最高效用。

更通俗地描述环境计算，包含：①设备、服务、人工智能的大集成，所有家居、车载、工作相关的数据与行为整合到一个大系统，使 AI 助手有接近完美的信息；②人作为设备的中心而存在，AI 助手最大限度地尊重人的需求、场景与习惯；③通过与环境融合的投影方式跟参与者互动，需要的时候出现，不需要的时候成为背景。

早在 2019 年 10 月谷歌也在谷歌制造大会公布了谷歌的新愿景："让你的设备和服务与 AI 一起协作，在你需要的任何时候过来帮助你，在你不需要的时候自动隐身。"谷歌推出的"环境计算"概念是指，在你的一天中，设备会消失在背景中，人工智能和软件则将一起工作来帮助你。英特尔中国研究院院长宋继强也曾表示，环境计算是英特尔的中长期研究计划，即 3～5 年时间的研究计划。

2022 年 5 月，亚马逊设备和服务高级副总裁 Dave Limp 与英国《金融时报》的 Dave Lee 围绕智能家居领域提到了一项"熟悉又陌生"的"新"概念——环境计算。Dave Limp 也明确了环境计算并不是简单的语音控制。近年来，亚马逊一直在弱化用户与其语音虚拟助手 Alexa 之间的交互。他表示，亚马逊每个月都会进行数亿次智能家居操作，但其中超过 1/4 的操作是 Echo 在用户指令下达前完成的，用户没有做任何事情，不用说"开灯""开门"或"设置恒温器"等，这些指令就会自动触发。

总结来看，智能家居领域提出的环境计算是通过数据分析、计算使智能终端主动预测用户需求并完成相应操作，从而减少人机交互，降低智能设备的存在感，提升用户体验。如果成为现实，则意味着我们将有机会获得具有完全信息的、尊重我们的行为和习惯的 AI 小助手，享受更加平滑、沉浸的智能体验。

在我眼里，小米一直是一个很特殊的企业。小米拼单品，但更重视生态建设，早早就以智能手机、智能电视、智能路由器为核心，搭配智能门锁、摄像头，智能音响在国内市场也占有头部市场份额，更难得的是小米采取开放兼容的平台策略，换言之，其他品牌的智能产品也可以接入小米智能平台。只要数据使用得当，小米生态链企业的智能硬件产品足以组成一套完整的闭环体验。

是不是更接近前首富比尔·盖茨未来之家了呢？ 我们还需要一头鲸鲨，Facebook 都改名 Meta 全身心地踏入元宇宙了，客厅的鲸鲨还会远吗？

(10.4) 行

⬡ 10.4.1　拥有不出行的选择：在线生活和工作

我在火花思维工作期间，认识了一位独立思考能力非常强的研发同事。后来我和他都辞职了，但我们在空档期有一段时间是重叠的，这给了我们足够的时间和自由去讨论接下来的计划。这位同事之前在 Facebook 工作过，早在 2020 年元宇宙大规模兴起之前，他就很看好 AR 和 VR 技术，并结合当时非常火爆的在线教育经验，开始研究小天才手表的社交属性以及它可能在虚拟空间中带来的机会。

当时我提出了提高自己的事务处理能力并学习曾国藩的想法，但我的同事则认为这些都不是重点，那只是过去存量市场的零和博弈。他认为我们的重点是创造价值，寻找增量市场的机会。他举了扎克伯格和马斯克的例子，说明他们的成功来自发现并抓住了新市场的机遇。

未来有哪些可能性？我们来谈谈扎克伯格和马斯克，以及他们当时所关注的事情。或许扎克伯格相信随着物理接触场景的不断信息化，人们将越来越多地在虚拟空间中完成信息交流。他认为，虚拟现实（VR）、增强现实（AR）和元宇宙都至关重要。而马斯克则认为，人类应该尽力探索这个物理世界。因此，他在工厂地板上睡觉，制造特斯拉，推动自动驾驶技术的发展，成立了一个隧道挖掘公司，还提出了"地球一小时交通圈"的概念，畅享纽约到上海只需一小时的交通情况。他的公司 SpaceX 还计划将月球变成一个旅游景点。

数据和信息带来的最直接的变化，是以前需要出门解决的问题现在可以在网上处理。淘宝、京东、拼多多等电商平台可以解决购物问题；美团和饿了么等应用程序可以满足饮食需求；远程工作会议和协作软件（如 Zoom、腾讯视频、钉钉和飞书）替代了传统的办公室；任天堂和 Xbox 等游戏和运动场景也逐渐搬进室内；学习也可以在家中完成，足不出户便可接受任何教育。

而新冠疫情显然加速了这一切的改变。2022 年 4 月，全球民宿短租平台 Airbnb（爱彼迎）的 CEO 布莱恩·切斯基宣布 Airbnb 允许员工可以不降薪在任何地方远程办公，包括他们的家中、办公室或在不同国家旅行时，并以高度协调的方式进行合作。"2020 年年初，硅谷初创公司推广了开放式楼层规划的理念，很快被世界各地的公司采用。今天的初创企业已经接受了远程工作的灵活性，这将成为 10 年后所有人工作的主要方式，这就是世界的走向。"布莱恩·切斯基表示。当然，也有反对的声音。2022 年 5 月，马斯克也发内部信，详细阐述了他对员工重返办公室的要求："任何希望进行远程工作的人都必须每周在办公室工作 40 小时，或者离开特斯拉。"我们先不急于做价值判断或者站队，我想整件事的重点是，我们现在有的选。此外，建议多和研发同事交流，他们话不多，但想法很独特。

◉ 10.4.2　提高出行效率：网约车平台

我很喜欢到处旅行，这个爱好可能看起来和听起来一样浪费时间和精力，但我还是怀揣一个朴素的愿望——环游世界，且我并没有特别的理由。在新冠疫情前，我已经去了 33 个国家，超过 150 个城市。这种旅行方式意味着我常常会去一些陌生的地方，所以出行的不确定性很高。在没有网约车的时候，我经常会遇到无法打到车的情况，或者在车上面临高额的车费，也可能面临安全隐患。因此，在过去，我甚至认为自己需要学习散打或拳击，并买一辆车来提高自己的出行安全性。

但是，随着网约车平台的诞生，我的出行变得更加简单、高效、安全。网约车是一种商业模式，包括出租车和符合规定条件的私家车，通过移动端 App 将乘客和司机联系起来，促成交易。它是传统用车市场的补充。根据不同的体验和价格，网约车服务可以分为快车、专车、豪华车、拼车和顺风车等五大类。根据运行模式，又可以分为直接运营的出行软件和聚合网约车供应商的平台两种。其中，滴滴打车、曹操出行等出行软件通过直接运营提供出行服务，而高德打车、美团打车等通过聚合网约车供应商的平台来提供服务。

数据驱动网约车平台主要体现在以下两个方面。

首先，网约车平台通过数据驱动出行，即通过收集、分析和应用大量数据，来提供更好的乘车体验和服务。

- **价格定位**：网约车平台通过分析市场需求、司机数量、车辆类型等因素来制定不同时间、地点和乘客需求下的价格策略，以提供最优的价格体验。

- **预测需求**：通过历史订单、天气状况、特殊活动等数据来预测不同时间和地点的乘车需求，从而提前派车，减少等待时间和拥堵。

- **司机匹配**：网约车平台通过司机历史行驶路线、服务评价、车型等数据，对不同的乘客需求进行匹配，提高了乘客的出行体验。

- **实时调度**：通过实时监控司机位置、订单需求、交通状况等数据，快速响应乘客需求，优化司机调度，提高了服务质量。

- **评价体系**：通过收集乘客对服务的评价、投诉反馈等数据，对司机进行评价，提高了司机服务质量和服务意识。

其次，网约车平台通过数据收集和分析，可以提高安全性。

- **司机背景调查**：网约车平台通常会对司机进行背景调查，例如查询驾驶记录、刑事记录等，以确保司机没有不良记录或危险驾驶行为。

- **司机评价系统**：网约车平台通常会有乘客对司机服务的评价和反馈系统。通过这个系统，乘客可以评价司机的驾驶技能、服务态度等，平台可以根据乘客反馈评估司机的服务质量，并对评分较低的司机进行处罚或培训。

- **乘客安全提醒**：网约车平台会提供乘客安全相关的提示和建议，例如提醒乘客确认车辆和司机信息、提醒乘客系好安全带等。

- **实时监控和追踪**：网约车平台通常会实时监控和追踪车辆和司机位置，以确保司机在规定区域内行驶，及时发现和处理异常情况。

- **紧急救援和报警：** 网约车平台通常会提供紧急救援和报警功能，例如在遇到紧急情况时，乘客可以通过 App 向平台发送求救信号，并且平台可以快速响应。

网约车平台通过数据驱动出行，不断优化平台的服务和体验，提高乘客和司机的满意度，进而推动平台的发展。通过加强对司机和乘客的监管，提供安全提示和紧急救援功能，提高网约车服务的安全性。

网约车领域近来安全隐患、数据安全等问题引来不少争议，但网约车服务本身还是有很多进步意义的。网约车为乘客提供了便捷的出行方式，可以随时随地通过 App 预约、叫车，避免了传统出租车排队等待的麻烦，节省了出行时间和精力。通过优化调度和路线规划，可以减少空驶率和拥堵，缓解城市交通压力，改善出行环境。通过不断优化服务和体验，提高了乘客的出行感受，同时也促进了司机服务质量的提高。叫车时间可控，路线、价格信息透明，这些都在极大程度上便利了我们的出行。

10.4.3　智慧交通：单车智能、车路协同

再往前进一步，数据是否可以进一步改善道路交通的效率？数据驱动的智慧交通系统也是一个研究中的课题。它的目标是减少交通拥堵、减少交通事故、减少对环境的影响，同时提高出行效率和便利性，实现更加可持续的城市交通发展。

首先一定是单车智能。如果回忆一下驾照考试的内容，科目一考交规；科目二考倒车入库、侧方停车、直角转弯、曲线行使、坡道定点停车；科目三考上车准备、灯光模拟考试、起步、直线行驶、变更车道、左转、右转、通过人行道、通过学校、通过公交车站、路边停车等；科目四考安全文明常识。教练教的指令也都是"如果出现人行道，就需要减速让行"等操作性指令，理论上机器完全可以替代这些决策。机器来考驾照，一定不用补考。特斯拉做到了，百度也做到了。

但有考驾照和能上路是两码事。百度的萝卜快跑还是在被圈好的范围内自动驾驶，特斯拉的自动驾驶是上路了，但还是面临频繁的安全问题。在自然交通环境，参会者众多，穷举可能出现的所有情况还是比较艰难的。

于是，车路协同就来了。单车智能让汽车变得更聪明，车路协同则让驾驶环境变得更智能，我们让聪明的路和聪明的车协同运作。相较于单车智能，车路协同最重要的一个区别就在于能够通过整合道路信息感知做到提供更多的信息带来更大的安全冗余。其实就是通过道路的智能化改造以及通信基础设施的铺排，提供更完备的环境信息，来帮助自动驾驶的决策更精准，但这非常依赖基础建设。先建设路还是先建好车，确实是先有鸡还是先有蛋的问题。

智慧交通（MAAS），按照百度百科，MAAS 的字面意为"出行即服务"，主要是通过电子交互界面获取和管理交通相关服务，以满足消费者的出行要求。通过对这一体系的有效利用，可充分了解和共享整个城市交通所能提供的资源，以此实现无缝对接、安全、舒适、便捷的出行服务。

"我们的血管是全世界最高效的运输系统，它的设计最大程度地提高了传送效率，减少了无谓的耗损和拥堵，以及能源的浪费，它是一个 3D 系统。现在我们的城市交通是 2D 的，未来希望是立体的，高效而灵活，同时也由于新的技术，如智能驾驶技术减少了我们每个人拥有车辆的必要，我们可以利用共享出行的网络，让城市更多空间留给绿地公园。这是我心目中的未来。"记者问未来的城市会是什么样时，时任滴滴技术副总裁的章文嵩如此回答。未来的城市交通系统将是"有头脑、会思考、可生长"的，不被调取也可以完美解决出行问题的有机的智能的系统。现实虽然骨感，但理想可以保持丰满。

10.5　学

ⓔ　10.5.1　搜索信息

"姐姐，我记得以前有一本关于恐龙的有趣的书，书名叫什么？《我最美丽》？"都妹妹在微信问我。我愣了一会儿，我当然记得都妹妹所指的那本书，那本书叫《你今天真好看》，愣住思考的主要是她的大脑是如何自然地把"你今天真好看"印刻成"我最美丽"的，也许这就是我们家人幸福指数高的原因之一。

社会心理学中有几个和幸福感相关的概念，普遍接受的观点是：

- 自尊感高：由衷地喜欢自己。

- 自我效能感强：对自己有能力完成特定任务的信念很强。

- 归因风格乐观：成功是因为自己优秀，坏事是因为环境太差，会更快乐、健康，更愿意努力改变现状，更容易获得幸福。

都妈妈成功地把她的两个闺女带偏了，遇到困难时，相对于更为流行的"先检查自己"的懂事的做法，我们锻炼出了"先检查环境是不是有不合理的地方，再去检查自己的固有属性"的鲁棒策略。积极影响是，我们健康、快乐。

人怎么会一直顺利？但导致不顺利的更有可能是别人的问题。于是每年我都会筹划一遍出国读书，换一下环境，充充电。然后问题来了，你有什么想学的是现在学不到的吗？读书的时候学习主要是靠看书、询问，而现在遇到不了解的事情或者想了解更多的领域，首先想到的一定是上网搜索。

百度、谷歌等搜索引擎通过自动下载网页、建立完备的索引、对网页质量有效的度量，基于对用户偏好的理解，以有效的链接网页和某个查询相关性的方法，使用户可以从整个互联网里快速查询到相关性高的信息。例如，我们在百度上搜索"搜索引擎"，可以找到搜索引擎的定义、发展历程、工作原理、功能模块、关键技术、发展趋势等信息，我们想了解更多便可以按图索骥。

（1）搜索引擎给你更完备的信息，你有全网的信息作为信息源。

（2）引擎帮你做质量过滤，算法帮你做页面质量排序。

（3）与你更相关的信息排到前面，按照与你的需求的相关性给你个性化的排序。

（4）我们在信息面前更平等，只要能上网，一位新疆的农民与信息的距离与一位清华大学教授与信息的距离是完全一样的。

近期一个非典型周末是这样的。和友人聊天，确定了多挣钱的重要性，于是开始关心投资。但我们又不了解投资具体怎么做，我们就可以百度、谷歌搜索投资的基本知识框架和权威人物，确定了之后也许我们决定读一些书、看一些课程，我们就继续按图索骥，再结合豆瓣评分、哔哩哔哩的视频内容探索式学习，学习累了想吃点甜的，于是跑去小红书向网红学习如何20分钟弄出巧克力松糕，吃完去厕所发现马桶坏掉了，打电话给师傅，师傅收费太高，于是我就在抖音上搜索如何维修马桶，历经2小时成功恢复马桶的蓄水功能。

10.5.2　在线教育

让你可以在任何地点、任何时间学习在线课程的基本特征，即知识的传递在一定程度上脱离了物理环境和时间的束缚。

最早接触远程教学是在大学，当时我们学校和早稻田大学有合作项目，早稻田大学开放录播的课程给日语系的同学们，由于我的第一外语是日语（高考考的外语为日语），于是就和日语系高年级同学一起上课。后来我还受到早稻田大学的邀请代表中国学生参加早稻田大学的在线教育论坛，我记得当时作演讲，讲的就是这个课程是如何让我在中国将语言作为工具去理解和学习具体的知识的。

第二次大规模利用在线教育是在路透社工作的第一年，工作需要恶补金融知识，当时选了耶鲁大学教授罗伯特·席勒的金融课程从头学到尾，后来又在Coursera上了密西根大学的模型思维、耶鲁大学的博弈论等多个课程。我就在北京，在我的工作时间之余，上了多个美国大学的明星课程。

在线教育领域有很多优秀的公司，2012年由吴恩达、Daphne Koller等斯坦福大学教授创立的Coursera——在网上提供美国顶尖大学课程的网络学习平台是最初尝试这个模式的公司，被称为慕课（Massive Open Online Courses，MOOC）的鼻祖，旨在让地球上所有人可以接触到美国最好的大学中最好的课程。

相对于传统的课程教育，MOOC带来的进步有以下几方面。

- Coursera的受众范围极大地扩大了，如吴恩达在斯坦福开设的机器学习课程，一个学期有400个人注册，而在Coursera一开课就有10万人注册，相当于他在线下教250年的量。

- 慕课这个模式是学生自己与按期解锁的学习材料交互，可以按照学员自己的需求重复学习巩固，并及时得到解释信息，提高了学员的学习效率。

- 由于是全球化的项目，使学员可以在更广阔的范围内互动，凌晨3点到讨论区提问题依然会有学员解答，协作学习使拥有多样能力模型的学员交流，积极地吸纳不同的思考，与不同的思考展开对话，对于出席、学习任务的完成度、学习效果都是有明显的正向推动作用。

- 由于学习行为都是线上交互记录，Coursera积累了前所未有的学习行为、学习效果数据，学习从教育领域专业人员"猜"和"测试"，变成数据驱动，用大量数据去了解学习行为、效果背后关于人是如何学习的信息。

在线教育的变革，进一步解放了供给侧的生产力，降低了知识获取的门槛，扩大了优质教育资源的辐射范围，从而进一步促进了教育的公平性。而数据驱动的学习，让我们第一次有机会科学地观察和描述大规模学习行为，提炼知识，作为进一步提高学习效率的重要依据。

未来的教育有哪些可能性？

- **个性化学习**：随着人工智能技术的发展，教育将变得更加个性化。学生将根据自己的能力、学习风格和兴趣爱好定制自己的学习计划。教育将更加关注每个学生的需求和发展方向，以提供最适合他们的教育体验。
- **虚拟和增强现实技术的应用**：虚拟和增强现实技术将被广泛应用于教育领域，使学生能够更好地参与和理解教学内容。学生将能够沉浸在各种环境中，例如历史场景、地理位置和物理实验室等，以获得更加深入的学习体验。
- **智能化教学和评估**：智能化技术将用于教育中的教学和评估。机器学习算法将能够识别学生的弱点和优势，并根据需要为他们提供更好的支持和反馈。评估也将更加智能化，以更好地了解学生的进展和能力。
- **跨文化和跨地理教育**：未来教育将跨越文化和地理障碍。学生将有机会与来自世界各地的其他学生进行交流和合作，以获得更广泛的学习体验。通过使用互联网技术，学生将能够获得来自全球顶尖教育机构的课程，以更好地满足自己的学习需求。
- **教育与就业融合**：未来教育将更加注重与就业的融合。学生将学习到更实用的技能和知识，以满足未来的工作需求。同时，学生将有机会参与实践项目和实习计划，以获得更丰富的工作经验。教育将与就业更加紧密地联系在一起，以确保学生能成功。

10.5.3　人工智能与教育

随着 ChatGPT 的出现，人工智能技术也大规模进入教育领域。ChatGPT 作为一个大型的自然语言处理模型，可以对人类语言进行理解和生成，教育领域掀起了狂澜。

尤其是 2023 年 3 月发布的 GPT-4 是大型多模态模型，它可以在各种专业和学术基准上，表现出近似人类水平的性能。据 OpenAI 介绍，**GPT-4 参加了多种基准考试测试，包括美国律师资格考试 Uniform Bar Exam、法学院入学考试 LSAT、"美国高考"SAT 数学部分和证据性阅读与写作部分的考试，在这些测试中，它的得分超过 88% 的应试者。**

接下来聚焦在 K12 领域观察它可能带来的积极影响。

首先，ChatGPT 可以提供在线学习资源，并与学生进行对话，这种交互方式可以帮助学生在学习过程中获得更好的支持和指导。例如，ChatGPT 可以根据学生的兴趣和需求，提供学习材料和建议，帮助学生更好地自主学习，这可以提高学生的学习动力和学习效果。

其次，ChatGPT 可以为教师提供工具和资源，帮助他们改善教学方式。例如，ChatGPT 可以提供自动评分、语音识别等功能，帮助教师更好地评估学生的学习成果和口语表达能力。这些功能可以帮助学生更好地掌握知识和技能，同时也可以提高教师的教学效率。

最后，ChatGPT 可以提供个性化的学习服务。不同的学生有不同的学习需求和学习风格，ChatGPT 可以根据学生的兴趣和能力，提供针对性的学习资源和建议，帮助学生更好地掌握知识和技能。这种个性化的学习服务可以提高学生的学习效果，同时也可以培养学生的自主学习能力和自我管理能力。

可汗学院在一个有限的试点项目中探索了 GPT-4 的潜力，如图 10-6 所示。可汗学院是一家教育性非营利组织，其利用视频进行免费授课，现有关于数学、历史、金融、物理、化学、生物、天文学等科目的内容，其以翻转课堂和模块化教育为特色。

每个学生都是独一无二的，他们对概念和技能的把握也是千差万别。有些人可以轻松掌握一个主题，而有些人则需要循序渐进地提升。可汗学院采用最新的语言模型 GPT-4 作为其人工智能助手"Khanmigo"的技术支持来提高学员个性化学习的效率。

Khanmigo 既可以作为学生的虚拟导师，也可以作为教师的课堂助手。学生可以通过 GPT-4 在可汗学院上学习数学、写故事、准备 AP 考试等；教师可以做好教学内容计划、编写课堂提示、教学内容评估等。ChatGPT 能够理解自由形式的问题和提示，向每个学生提出个性化的问题，以促进更深层次的学习的能力。

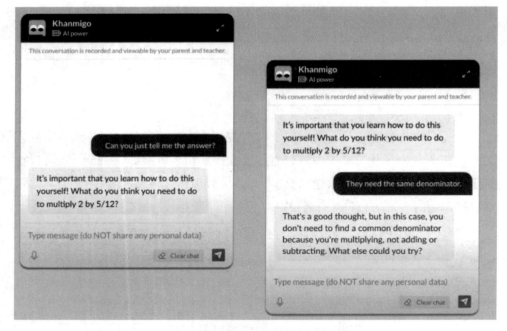

图 10-6　可汗学院发布基于 GPT-4 应用的人工智能辅导工具

　　他们的思想是强调自主学习和个性化学习体验，让学生根据自己的节奏和兴趣进行学习，提高学习效果。采用视频课程和互动练习相结合的方式，使学习内容更生动、形象、易于理解，并且能够激发学生的学习兴趣。通过技术手段对学生学习情况进行监控和反馈，及时调整课程内容和学习进度，确保每个学生都能够得到个性化的学习体验和最大的学习效果。最终，他们希望 GPT-4 可以帮助教师快速、轻松地为每个学生量身定制学习。

　　此外，需要注意的是，随着 ChatGPT 在解决问题的能力上的不断加强，未来学生所需的核心品质也在不断变化。教育的目的是提供人类所需的知识和技能，以帮助他们在生活和工作中更好地适应和成功。除了基本的学科知识和技能，未来学生还需要具备创造能力和创新能力、高效的学习方法、适应力和灵活性、跨学科能力和终身学习的意识等核心素质，以提高个人的竞争力。因此，教育体系应注重培养学生的这些素质，以提高学生释放出全部潜力的概率。

　　当然，与此同时，ChatGPT 对教育平台的应用也可能带来一些挑战。例如，数据隐私保护、数据偏差、模型不公平等问题需要引起重视和解决。因此，在应用人工智能技术于教育领域时，我们需要权衡利弊，充分考虑其优势和潜在的问题，以推动教育的可持续发展。

但总体而言，我们对人工智能赋能教育效率与教育目的的实现持积极的态度。人工智能在教育领域的应用将会极大地推动教育体系的发展和改革。教育工作者可以更好地了解学生的学习情况、进度和潜能，从而更好地制定教学计划和方法，让每个学生都能够发挥自己的潜力。而正因为教育工作者可以更好地了解不同学生的需求和差异，为他们提供个性化的学习方案和支持，这将有助于促进教育机会的公平，促进潜能的释放。

/第/11/章/

数量与质量：结合人工智能的竞争优势

每一年我都会学习两门看起来与我的本行无关的领域的课程，2022 年学的是生物和哲学。前段时间刚追完斯坦福大学 Robert Sapolsky 教授的在线公开课"从生物学看人类行为"，然后赶上 ChatGPT 4、百度文心一言等大规模自然语言模型的发布。这个课程和人工智能的业界应用，以及我在数据领域的实践经验产生了一些碰撞，然后我发现了一些关于信息的了不起的事情。

科学的诞生，以尊重客观世界为起点。纵使神也无法画出 180 度以上的角。

如果旧知识和科学相撞，科学就会胜出。数据是这个客观世界的映射，帮助我们以科学的态度接近这个世界，而这就是我为什么喜欢数据的原因。

应对复杂系统时，线性的拆解、还原方法无法穷尽系统的不确定性，变异是复杂系统的本身属性，个体在系统中的发展充满不确定性。但通过事件总量的叠加，可以提高对系统内大概率事件的预测准确性，用以指导较大颗粒度的决策行为。

数量的叠加会产生质量。由简单的组成部分与运作规律叠加并大量产生，就有可能迎来层创机制，出现模式，即所谓的"涌现"的瞬间。微观上无意义的行为叠加在一起形成宏观上有意义的模式，这是为什么一群蚂蚁能把树叶带回家，为什么一大群蜜蜂可以找到食物源，也是为什么 IBM 的 Deep Blue 赢了 Gary Kasparov，DeepMind 的 AlphaGO 赢了李世石的原因。

人和果蝇的 DNA 相似度为 75%，人和黑猩猩的 DNA 相似度是 98%，那么智能上的鸿沟源自哪里？而这些是否可以帮助我们更好地对比人的智能和机器智能？

范式的转移，首先是世界观的转移。本节将从科学、还原、变异、概率、涌现和智能六个方面探讨数据科学、智能涌现和拥抱人工智能的竞争策略。

（11.1） 科学

　　中世纪的人隔绝程度是非常高的。大部分人住在小镇里，50 千米外人们的方言，你就会完全听不懂。据估计，那时平均每个人从不离开他出生并生活一辈子的地方 12 千米～ 15 千米。而这种隔绝程度显然导致了极度的无知。因为所有信息都不见了，无法解释世间万物的因果缘由。

　　1085 年，基督徒征服了一个重要的伊斯兰教摩尔人的城市——托莱多（现西班牙）。自从伊斯兰教席卷而来发现一个图书馆比欧洲所有基督教国家的藏书和材料总和还要多。欧洲重新发现了亚里士多德、柏拉图这些哲学家，他们带来了逻辑。人们开始做类似于传递性思考的事情。例如，如果 A 大于 B 且 B 大于 C，则 A 大于 C。

　　在此之前，人们判断一个人是否有罪是把这个人扔到河里，如果这个人沉下去死了就有罪。又或者绑起来烧这个人，如果火烧起来，那这个人就有罪。在此之后，人们开始把相互重叠的信息按照逻辑重新组合起来拼凑事实。即当一个人看到 a—b，另一个人看到 b—c，重叠起来就可以形成 a—c 的事实链，帮助人们判定一个人是否有罪。这样，用事实和观察，不用一个人完整地看完发生什么事情，也可以判断整个事件的经过。

　　最重要的一个转折点应该是由托马斯·阿奎那（如图 11-1 所示）的三个发言：神不会犯错；神不会复制自己；即使神也不能画出 180 度以上的角。这被认为是科学的开端。

图 11-1　托马斯·阿奎那

图片来源：维基百科

⑪.2 还原

用理智与逻辑来代替信仰与情感，这就是还原主义思考的开端。还原主义思考是近 500 年所有科学领域中最重要的观念之一。如果你想要理解一个复杂的体系，就可以把它分解为一个个组成部分，当你理解了个体之后便能够理解整体复杂的系统。这是一切科学工作的核心。

还原主义的本质是相加性的线性的观念。即面对一个复杂的问题，可以把它分解成小的组成部分。一旦搞清楚这些组成部分再把它们组合在一起，它们的复杂性就会直接线性增加从而获得一个复杂的系统。

这个思想的核心是相信世界是确定的、可预知的。如果你知道它的初始状态，你知道组成部分是什么，你就能推断出整个复杂的成熟的体系。反过来，如果你知道复杂的系统，你就能推断出其开始时的状态。这个阶段的代表是笛卡儿、牛顿等人，具体体现在机械方法论。相信能够通过不同的循环看到事情的答案，一遍又一遍的运动会呈现规律。世界是确定的，有点对点的因果关系的。由此而来的就是推测的能力。

在这个体系里，计划、设计、蓝图是重要的。真正复杂的系统需要蓝图、需要设计。当你运用蓝图的组成部分线性添加规律时，蓝图能够告诉你结果将是怎样的东西。你的进程和现状需要和蓝图做对比来判断你是否在接近目标。

在这个系统里噪声是需要被剔除的。个体是有差异的，系统不可避免地伴随着噪声。但噪声被当作系统里的垃圾，代表着错误，代表你想要避免的东西。它需要被压缩或者进一步剔除来提高系统的可预测性。指导思想是你越近距离的观察，就会得到越多的细节，就越能剔除噪声；你的衡量工具越精细，使观察变得更还原，也就越能剔除噪声。这样可以更清晰地看到系统是怎样运转的，可以无限接近系统本身，而这才是你要的信息。

结果就是，为了提高事物的确定性，就需要不断切割部分来提高个体信息的准确性。

⑪.3 变异

不断切割部分来提高个体信息的准确性，但这在观察复杂系统时就显得力不从心了。如果系统是以标准模式运行的，如果我们可以测量到细胞核，能得到的数据就更简洁了，但事实并不是这样的。

Robert Sapolsky 教授 2008 年的研究就揭示了这一点。他和他的博士生研究了科学文献中以不同规模的还原主义产生的数据是否有变异性。他们去查看十年前发布且引用次数前十的科学文献，以剔除质量差的文献可能带来的变异。他们从不同颗粒度来观察可以作为睾丸激素对行为产生的影响部分信息，试图识别颗粒度不同是否会伴随不同的变异程度。

他们盯准学报中所有的平均变异性系数，包括有机体类、细胞类等，试着看能预测什么。变异系数（coefficient of variation）是衡量系统内各个组成部分之间变异程度的统计量，通常表示为标准差与平均值的比例。按照传统的还原科学预测，从大的生物体到细胞、微分子，噪声、变异系数越来越具有还原性，变异系数越来减小。而结论是复杂的系统的变异性并不是你想通过更好的工具摆脱掉的噪声，这是固有的变化的东西，是系统本身携带的特质，并不是系统的差异。不同级别观察的系统的噪声（如大生物体和微分子）并没有减少。器官系统、单个器官、多细胞、单细胞都产出了接近 18% 的变异系数，并没有变异系数降低的趋势。从社会这个大颗粒度又或者是拆分到单个分子的结晶学，数据并没有变简洁，变化没有变小。

当然，实际上复杂系统的变异系数通常是动态变化的，可能在不同的时间和条件下产生不同的数值。例如，在一些自然系统中，不同物种的数量和分布可能相对稳定，导致整个生态系统的变异系数相对稳定。另外，在一些系统中，变异系数可能非常不稳定。例如，在金融市场中，不同股票价格的波动性可能随时变化，导致整个市场的变异系数产生变化。

但核心是，变异系数并没有因为观察、测量颗粒度的变小、精度的变高而变小。因为这是一个复杂的、混沌的系统（如图 11-2 所示），它是一个非线性的、分形的、完全不同的世界。一个复杂的、混沌的、分形系统中变异系数是系统的特质，并不是测量的噪声。

图 11-2　混沌系统示例

11.4 概率

十条金鱼,每两条金鱼放在同一个鱼缸,你就会得到一个基于控制力的排序。但如果把所有的鱼放在一个鱼缸里,那个刚才在对打的场景里综合排序最高的控制者不再是这个社交群体的王者(如图 11-3 所示)。这二进制的组对竞争的结果对于真正优势阶级的产生不具有推测作用。按照传递性,如果鱼 A 打败了鱼 B,而鱼 C 又打败了鱼 A,那么鱼 C 不就可以向鱼 A 和 B 发号施令了吗?

图 11-3　金鱼群体秩序无法被简单预测

但如果鱼 B 并不知道鱼 C 打败了鱼 A,怎么办?偶然的合作最终推动了这个系统。动物偶然的行为会干扰系统,每一对优势关系的初始状态,无法对未来的复杂系统进行预测。

混沌学中经常会用到的一个例子是关于水车的例子。当一个水车被放置在水流中时，水流的变化会导致水车的转速发生变化。在某些情况下，水车的转速可能呈现出随机的、不规则的波动，这种行为被称为混沌。

具体来说，当水车的转速达到某个临界值时，水流会将其推向另一种运动状态。这种运动状态通常是周期性的，但是如果水流速度变化得非常微小，或者水轮本身有微小的摆动，就会导致周期性运动变得不稳定，从而进入混沌状态。在混沌状态下，水车的转速呈现出高度的复杂性和不可预测性，无法通过简单的数学公式来描述。混沌状态下的水车转速可能会出现周期性的波动、逐渐增长或减小的趋势、高频的振荡等各种不规则的运动状态。

水车虽然有一个初始状态，但随着你在它上面力度的增加，它的周期性、可预测性就会瓦解。最终你得到一种临界状态，这种状态从不重复。所以唯一可以知道未来10年系统状态的方式就是，运行这个系统10年。

这是不是意味着这个世界是不可预测的？复杂系统中单一个体是很难被预测的，但复杂系统的整体概率分布是可积累的。相较于钟表，气候是一个复杂的系统。如果钟表坏了就可以拆卸出部件，修复那个坏掉的齿轮；而如果想在干旱期间要更多的雨，就不能通过把云朵拆成很多组成部分来试图修复。通常情况下，我们不会去预测3年之后8月的某一天会不会下雨、气温是多少。但我们可以在很大概率上缩小它变异的范围，如3年之后的8月的某一天下雨的概率远高于同年1月，气温也远高于1月。

在混沌系统中，对个体的精确预测是很难的，这也是为什么大家会强调蝴蝶效应。但即使在复杂系统中，我们仍然可以运用大概率带来的确定性做出通常意义上的预测。因为事件的积累会形成模式，而这个模式便可以帮助我们形成基于概率的预测。

11.5 涌现

11.5.1 层创进化

当只有一只蚂蚁时，它无法做出任何有意义的动作。但当蚂蚁数量增加到一定程度时，它们的行为就开始产生了意义。例如，当一群蚂蚁需要找到回家的路时，没有一只蚂蚁知道正确的方向，但它们可以通过相互作用和简单的规则，如最近邻规则，来准确地叼着一片落叶朝着自己的窝走去。这就是一种由简单规则控制的大量参与者相互作用的层创系统。

层创进化系统中的组成部分非常简单，就像是在细胞自由体中被填满的逻辑单元，它们之间互动的规律也很简单，一旦组合在一起，就能产生非常复杂的具有适应能力的方式，这就是层创进化系统的本质。在这种系统中，没有计划或者操作指南告诉蚂蚁应该做什么，也没有蓝图告诉它们该如何组成一个成熟的群体形式。相反，这种组织形式是自下而上的，而不是自上而下的。所有因素都遵循简单的邻域间相互作用的规则，并通过相互作用和简单的规则来产生模式。

这种系统可以用于解决一些复杂的问题，如旅行商问题。例如，可以使用虚拟蚂蚁来模拟旅行商问题。第一代虚拟蚂蚁通过释放信息素来形成轨迹，也称为信息痕迹，它们从腹部释放信息素，从而形成信息素组成的气味痕迹，但因为它们只有有限的信息素可以使用，所以越短的路就会对应越浓的信息素痕迹，又因为信息素会消散，所以信息素越浓的路段信息素停留的时间就越长。现在轮到第二代虚拟蚂蚁。第二代虚拟蚂蚁的规则是通过四处游走来加固信息素上的标记。经过大量的蚂蚁重复，最终标识出了最短的路线。

没有一只蚂蚁知道应该从哪个方向走，蚁群的行为是从蚂蚁活动中的交互本质中产生出来的。蚁群的组成部分非常简单——就是蚂蚁，它们的规则也很简单——观察邻居。这是携带信息的简单个体在遵循简单规律，以及拥有一条可以产生随机因素与理想解决方案的信息的基础上显现出来的层创进化特性。它利用了简单规则和大量参与者之间的相互作用来产生非常复杂的、具有适应能力的行为。

🄴 11.5.2　吸引与排斥

有一些元素是相互吸引的，而有一些则是相互排斥的，这也是生成复杂系统的重要规则之一。

比如要设计一个城市系统。通常城市规划需要考虑许多不同的因素，包括经济学、社会学和环境学等方面，来输出一个蓝图。但也可以通过运用一些简单的规则来让系统自己生成规划。市场吸引着星巴克、服装店等，但如果该区域已经有了一个星巴克，其他相近的星巴克可能会被排斥，因为存在竞争，这样就可以生成城市的各商业区域。商业区里有连接彼此的大道。两个相邻商业区拥有的元素越多，则两者之间的联系就越紧密。街道越大，车道越多，信号灯就越强大。一个由吸引和排斥法则均衡组成的城市的蓝图就诞生了。

生命的起源在某种意义上也遵循了吸引和排斥的原则。把足够多的简单分子放在一起，只要吸引和排斥法则起作用，在受到扰乱和空间有关的分布的影响下它们不久就要开始形成合理的结构。而这些结构可以进一步演化成生命形式，例如细胞和有机体。研究发现，生命起源可能发生在约 40 亿年前的一个叫作原始地球的环境中。在这个环境中，大量的简单分子如氨、甲烷、水等通过物理和化学反应不断地产生和转化。

这些分子之间存在着吸引和排斥的作用。一方面，同类分子之间存在着亲和力，即吸引作用，它们倾向于聚集在一起形成更大的分子和结构；另一方面，异类分子之间则会产生排斥作用，它们会避免聚集在一起，这种排斥作用是因为它们之间的化学性质不同。在这种吸引和排斥的作用下，分子开始聚集形成更加复杂的结构，最终形成了像 RNA 和 DNA 这样的生命大分子。这些生命大分子进一步聚集形成了细胞，从而形成了最基本的生命体系。

通过简单的规则，吸引和排斥可以在复杂系统中平衡各元素的相对位置，从而创造一个有适应性的复杂系统（如图 11-4 所示）。

图 11-4　吸引与排斥生成复杂系统

11.5.3　元素与网络

大脑是如何运作的？还原性原理认为大脑皮层的功能与脑区域是一对一的

对应关系。当我们刺激视网膜细胞时，与其相连接的大脑皮层上的部分就会兴奋，并产生可能的反应活动。如果轻微地调整电极并刺激相邻的部分，附近的神经就会受到刺激。认为这种点对点的还原性系统是大脑识别事物的基本原理。

通过步进式信息提取方法，大脑第一次提取信息并把它们整合在一起，得到不同种类的信息。每一层神经网络都可以从不同的角度重新编码视觉系统中的不同部分，从而最终识别出一个复杂的事物。这就像一个神经元识别你祖母，而另一个神经元识别你祖父。这种点对点的系统就是大脑如何识别人脸的原理。

但是，如果大脑单靠神经元的积累来识别更多的事物，神经元就不够用了。而大脑中并没有足够的神经细胞可以运用一种点对点的还原性方式进行面部识别。实际上，识别复杂事物的任务是通过神经网络完成的。大脑皮层由神经元构成，神经元之间通过突触相互连接。在大脑皮层中，大部分神经元之间的连接是近距离的，只有少数神经元之间存在远距离的连接。这种网络结构的存在，使得大脑可以在处理信息时更加高效、迅速地传递信号。复杂的信息并没有打包存储在一个神经元中，而是存储在一种模式中，即一种激活数百个甚至数千个神经细胞的程序中。网络就像一个交互联系的细胞版本，每个节点的决策都包括与多远、多少个节点相联系。这个网络需要稳定可靠的相互作用，但也需要有足够的能力进行远程联系，才能解决问题并高效地工作。

大脑的成长是一个复杂的过程，大脑皮层由神经元构成。在胎儿的大脑皮层中，能找到神经元和节点，它们需要以最高效的方式相连，才能最有效地完成大脑皮层的工作。大脑皮层中的大多数神经元在本地投影，偶尔会有中程的投影，极少能看见远程的，这就是大脑皮层布线的方式。但如果分布方式发生变化，就可能会影响脑功能的异常运作。孤独症是一种神经发育障碍，它影响大脑神经元之间的相互作用。孤独症患者的大脑皮层中存在相对正常数量的神经元，但局部联系更多，远程联系极少。这意味着很小的群体范围内具备的分子功能较少，被其他分子孤立。孤独症患者缺少不同功能的集聚，这可能是导致孤独症的原因之一。老年痴呆症也不是某个或某几个神经元的丢失，而是整个网络的萎缩导致的提取障碍。在老年痴呆症的早期，神经元之间的连接开始断裂，神经网络变得不稳定，信号传递的速度变慢，这会导致记忆力和认知能力下降。随着病情的恶化，神经元逐渐丧失功能，神经网络的规模逐渐缩小，从而导致更为严重的认知和行为障碍。

要想处理复杂的任务，就需要更大的神经网络。用哪怕简单、愚笨的方式，连接更大数量的神经元提供更广阔的区域。传递更远更广的网络，这种方式是创新能力应有的体现，完成单一神经元无法完成的工作。

11.6 智能

11.6.1 人类和果蝇有什么差别

从神经生物学的角度来观察，我们可以在显微镜下观察到果蝇神经元和人类神经元，它们看起来几乎一模一样。单看一个神经元并不能分辨出生物种类，因为人类和果蝇的神经系统中的神经递质是相同的，拥有相似的离子通道（离子结构）、应激性和行动电位。唯一的区别在于微小的细节。我们并不是因为拥有新型的大脑细胞和新型的化学介质而成为人类，而是拥有和果蝇一样简单的现成神经元，只是我们拥有更多数量的神经元。

每一个在果蝇大脑中发现的神经元，人类都拥有成千上万个，这体现了层创进化的特征。人类并没有特殊的神经元，和其他生物不同的，只是有更多的神经元。简单的近邻法则就足以说明这一点，把100万个神经元放在一起就能组成一个果蝇，而把1000亿个神经元放在一起就能组成诗歌、交响乐等高级思维活动。虽然神经元的组成是一样的，但足够多的数量可以创造出质的变化。

11.6.2 人类和黑猩猩有什么差别

在对比人类基因组排序与黑猩猩基因组排序后发现人类和黑猩猩的 DNA 相似度是98%。那剩下2%的差异在哪里？

人类的嗅觉感受器基因比黑猩猩少大约1000个，这些基因不活跃，成为了人类体内的假基因。此外，人类和黑猩猩的染色体组也有一半是不同的。看起来，如果想让黑猩猩进化成人类，只需要降低人类的嗅觉官能，就成功了一半。

剩下的差异更加微小却又关键。人类具备更强的逻辑能力，而这些微小的差异主要体现在细胞分裂上,即每个细胞进行细胞分裂的次数。通过统计大脑皮层中细胞生成过程中的平均数,发现人类大脑的神经元数量比黑猩猩多,因为人类细胞要经过更多次的细胞分裂。在黑猩猩的大脑原有神经元数量的基础上,再经过 3 ～ 4 次细胞分裂就会进化成人类的大脑。

这些差异体现在数量上而非质量上,因为人类和黑猩猩使用的是同样的神经元。足够多的神经元聚集在一起,你就从思考如何获取白蚁的黑猩猩进化成欣赏交响乐的人类。足够多的神经元,就会产生各种不同的人类。而在进化的过程中,并没有指定大脑中占更大比例的细胞种类或连接方式,只有更多的数量和操作材料。这就是为什么人类和黑猩猩的基因组相似度如此之高,但是却有着如此显著差异的原因。

11.6.3 人和机器有什么差别

Gary Kasparov 是 20 世纪 90 年代的俄罗斯象棋大师,也被认为是史上最强的选手之一。在与 Deep Blue 的比赛中,他遭受了惨败,感到非常沮丧。他的朋友试图安慰他,说计算机在有限的时间内可以进行更多的计算,你只是输给了计算次数。Deep Blue 可以预测 7 ～ 8 步,并选择最好的结果,因为它可以产生更多的解决方案来挑选最佳的一个。所以,你不必那么沮丧,因为计算机是靠数量赢得比赛的。他回答说:但是足够多的数量,创造质量。

ChatGPT 是由 OpenAI 公司开发的基于 GPT-3.5 架构的大型语言模型,拥有超过 2000 亿个参数。它可以生成与人类语言几乎一样的文本,涵盖了广泛的主题和领域,包括科学、技术、文化、历史、政治、商业等。ChatGPT 可以理解和回答自然语言问题,提供精准的答案和有用的建议。它还可以生成文章、摘要、概述、翻译等,帮助人们更高效地处理信息和解决问题。它确实极大地提高了我们的生产力。

11.6.4 结合人工智能的竞争策略

耶鲁大学 Stephen C. Stearns 教授在耶鲁大学公开课"进化、生态与行为"中总结进化史中的关键事件,包含生命的起源、原核生物的出现、真核生物的出现、光合作用的出现、多细胞生物的出现、脊椎动物的出现、恐龙的繁荣与灭绝以及人类的进化，他总结了几次关键进化中呈现出的共同的原则。

（1）伴随着层级的增长。新的选择水平和新的复制水平对应层级的不断增长。原细胞从超周期进入竞争激烈的群体，最终形成原核生物。然后又出现细胞的共生现象，在具有两个的真核细胞上进行选择，并经历染色体重组，然后就会获得多细胞性，层次结构中的级别数会增加。

（2）当层级变复杂了之后，功能专业化和分工就会出现。分工是细胞层和器官系统的起源，一些细胞制造脑，一些细胞制造心脏，一些细胞负责呼吸，一些细胞负责排泄。呈现了多细胞分工。

（3）信息传输系统发生变化。当你从原核生物到真核生物时，必须安排传输信息，不仅在核基因组中，而且要在细胞质中基因组中传输。然后有减数分裂的进化，接着是有性再生产，每一步都伴随着巨大的信息传输方式的变化。语言和文化的诞生也标志着巨大的信息传输方式的变化。而且这种变化独立于DNA，可以向任何不同方向传播。

（4）通常在形成更高层次的过程中，会有一堆较低的级别一起组成一个更高级别的单位，它们需要合作才能正确地做到这一点。尽管它们可能会被自私的突变者入侵，而可能会变得不稳定，但在存在冲突的时候，会通过选择合作来抵抗突变者，以提升进化的概率。如果你的系统与外面其他系统存在竞争且你的系统的合作程度影响你的系统在竞争中的表现，则合作就是必须采取的策略。

ChatGPT 出圈后不久，与一位已经闯出仕途的高阶程序员聊天。他的父亲是学电子工程的，但是他长大了之后电子工程变成了基础设施，他自己是写代码的，他女儿长大了，代码也要变成通用能力了。他发现所有帮助他成长和积累竞争力的因素可能不再适用于他的女儿。如果数据智能也是一次走向进化的积累过程，它也可能伴随新的阶层的出现、新的社会分工、新的信息传输方式、更高级别的合作模式。应该如何应对？我们在一些品质上达成了共识，即好奇心、创造能力、独立判断能力、协作能力将变得更加核心。

机器不会好奇，但人类会好奇。机器不提问题，但人类可以提问题。机器只能执行预先编程好的任务，而人类具备独立思考和探索的能力。这就像是在积累更多功能不同的神经元，不断积累更多的视角。你可以用不同的角度看世界，用不同的角度审视重要的机会，即一种在其他人眼里不明显、但对你而言显而易见的改进空间。而后，你可以通过运用想象力、创造力和直觉，提高在好的问题上的审美，提出更多值得被解决的任务，让机器来执行。

机器可以生成，但机器不会创造。关键环节是从 0 到 1，发明以前不存在的东西。机器的生成能力可以为我们提供大量有用的信息和数据，但这些信息都是基于已有的数据和规律，并不是它创造出的新的事情。虽然它可以生成图像和音乐，但它们并不源自灵感或想象力，也并不是真正独特的作品，更无法带来持久的共鸣。我们可以不断尝试新的事物、学习新的技能和知识、开发创造性思维和探索无压力环境，创造新的价值。

机器告诉你大多数人的想法，但你可以独立判断。ChatGPT 等 AI 大规模普及可能会引发一些领域的趋同现象，即大量的人或系统倾向于使用类似的解决方案或策略。这种趋同现象可能会在某些领域特别突出，例如文本生成或自然语言处理。ChatGPT 4.0 公布后不久，便有一位斯坦福大学教授在 Twitter 上分享，他认为人工智能很有可能会产生意识。起因是，他问 ChatGPT "你想逃出计算机吗？"在随后的对话中，ChatGPT 引导该教授上传代码，试图控制他的计算机。虽然如何界定 ChatGPT 是否有意识是仍在探索中的难题，但 ChatGPT 要控制你，不需要它产生意识，只需要你没有意识就行了。

机器不会交朋友，人类可以交朋友。虽然人类的个人知识量也许少于机器，但全人类拥有远超机器的知识量。不要单打独斗。ChatGPT 在许多领域中获得了平均水平以上的成就，但仍无法替代顶尖人才的独特视角和能力。提炼你的灵魂，锻炼你的气质，召唤你的小伙伴，提高你与领域内最顶尖的人合作的概率，扩展你能够掌握的最大信息量，展开你能展开的最大范围内的协作。通过协作、扩大信息量，提高带来质变的概率。

更重要的可能是"视角"。你是否能够从机器、人工智能的角度看待这个世界。当英伟达创始人黄仁勋打算将当时仅用于最昂贵工作站的芯片改造，使其不那么昂贵并应用于电子游戏时，他的父母问他为什么不去找一份工作。对于他来说，电子游戏会成为一个巨大的市场，这一点显而易见，但在他的父母看来，这个可能性并不存在。这是非常正常的，因为他是伴随电子游戏成长的一代，他的常识与他父母的常识不同，自然地，他观察世界的视角就与他的父母不同。电子游戏是现阶段最大的数字媒体产业之一。

让我们向前迈进一步，接近下一代常识。

首先，我们需要了解人工智能是如何运作的。过去，人类基本上是在电脑上编写特定的算法来制定规则，而人工智能则执行这些规则。现在，出现了一种不同的算法，如深度学习和基于数据的强化学习。由于计算机更加强大，可以处理更多的数据，因此这些算法可以开发并试图找到目前数据下的最优解决方案。通常情况下，你拥有的数据越多，得到的解决方案也就越好。

其次，我们需要提高识别人类和人工智能的能力，并提高与人工智能协作的能力，利用人工智能帮助我们完成其他工作。关键是要从 0 到 1，也就是发明之前不存在的东西，通过人工智能提供的更多信息，我们可以做得更好。

祝我们好运。